信息对抗理论与技术

王　成　牛奕龙　编

西北工業大學出版社

【内容简介】 信息对抗技术是一个多学科相结合的专业，主要涉及计算机科学与技术、信息与通信工程、电子科学与技术、控制科学与工程、光学工程等学科。

本书分为上、下两篇。上篇全面介绍了信息对抗的作用、信息对抗技术、信息进攻和信息防御的内容。同时，以雷达对抗和水声对抗为例，介绍了有源对抗和无源对抗技术。下篇主要是网络对抗部分的内容，介绍了网络攻击的基本概念和各种网络攻击技术，详细介绍了信息安全工程、信息交换安全技术及网络系统安全技术。

本书可作为高等院校计算机类专业、信息对抗专业本科生的教材，也可以供初学者和相关技术人员参考。

图书在版编目(CIP)数据

信息对抗理论与技术/王成，牛奕龙编. 一西安：西北工业大学出版社，2011.1
ISBN 978-7-5612-3003-9

Ⅰ.①信… Ⅱ.①王…②牛… Ⅲ.①计算机网络—安全技术 Ⅳ.①TP393.08

中国版本图书馆 CIP 数据核字(2011)第 015825 号

出版发行：西北工业大学出版社
通信地址：西安市友谊西路 127 号 邮编：710072
电　　话：(029)88493844 88491757
网　　址：www.nwpup.com
印 刷 者：陕西天元印务有限责任公司
开　　本：787 mm×1 092 mm 1/16
印　　张：8.75
字　　数：206 千字
版　　次：2011 年 1 月第 1 版 2011 年 1 月第 1 次印刷
定　　价：20.00 元

前　言

信息对抗技术是一个多学科相结合的专业，主要涉及计算机科学与技术、信息与通信工程、电子科学与技术、控制科学与工程、光学工程等学科。

本书在内容选取上，既注意到理论的系统性，又顾及选材的多样性，突出了理论与实践的结合。本书还在传统信息对抗的基础上加入了水声对抗内容，彰显了该专业的特色。

本书分为上篇(1～7章)和下篇(8～13章)。内容安排如下：

第1章：介绍信息对抗的基本概念、基本样式和作用；

第2章：介绍信息进攻的概念和常见的4种信息进攻方式；

第3章：介绍信息防御的概念和常见的4种信息防御方式，以及信息安全保密措施；

第4章：介绍雷达对抗技术的分类、特点，以及雷达告警技术、雷达情报侦察技术、无源定位技术及有源干扰技术；

第5章：介绍雷达无源对抗技术的分类、特点及发展趋势；

第6章：介绍水声对抗技术，包括水声对抗的重要性、作用及任务，并介绍水声探测设备及水声对抗器材；

第7章：介绍水声反对抗与目标识别技术；

第8章：介绍网络安全威胁的基本概念，包括ISO定义的安全威胁、网络安全服务、网络安全机制、网络安全管理、网络安全系统结构、信息安全交换技术、网络安全交换技术；

第9章：介绍常见的网络攻击技术，包括分布式拒绝服务攻击、缓冲区溢出攻击及IP欺骗攻击；

第10章：介绍密码技术内容，包括对称加密算法、非对称加密算法、数字签名算法、单向散列函数、身份认证技术等；

第11章：介绍信息安全工程，包括信息安全工程基本概念、信息安全标准化、信息安全评估标准、信任度评估方法及信息安全准则的应用；

第12章：介绍信息交换安全技术，包括数据链路层安全协议、网络层安全协议等；

第13章：介绍网络系统安全技术，包括基本概念、网络防护技术、网络检测技术等。

由于水平有限，书中难免存在缺点和不足之处，敬请广大读者和同行批评指正。

编　者

2010年11月

目　　录

上篇　电子对抗

下篇 网络对抗

上篇　电子对抗

第1章 绪 论

1.1 基本概念

1.1.1 信息的基本定义

“信息”一词有着很悠久的历史，早在两千多年前的西汉，即有“信”字的出现。“信”常可作消息来理解。作为日常用语，“信息”经常是指“音信、消息”的意思，但至今信息还没有一个公认的定义。

信息是物质、能量及其属性的标示[2006年，医学信息（杂志）]。

信息是确定性的增加。

信息是事物现象及其属性标识的集合。

信息以物质介质为载体，传递和反映世界各种事物存在方式和运动状态的表征。

信息是物质运动规律总和，信息不是物质，也不是能量！

信息是客观事物状态和运动特征的一种普遍形式，客观世界中大量地存在、产生和传递着以这些方式表示出来的各种各样的信息。

信息论的创始人香农认为：“信息是能够用来消除不确定性的东西”。

信息是抽象于物质的映射集合。

信息是有价值的，就像不能没有空气和水一样，人类也离不开信息。因此人们常说，物质、能量和信息是构成世界的三大要素。所以说，信息的传播是极其重要与有效的。

信息是事物的运动状态和过程以及关于这种状态和过程的知识。它的作用在于消除观察者在相应认识上的不确定性，它的数值则以消除不确定性的大小，或等效地以新增知识的多少来度量。虽然有着各式各样的传播活动，但所有的社会传播活动的内容从本质上说都是信息。

1.1.2 信息对抗的分类

信息对抗可分为广义信息对抗和狭义信息对抗两类。

1. 广义信息对抗

广义信息对抗指双方（敌对）在政治、经济、外交、军事、科技和文化等领域运用信息技术手段而进行的（秘密或公开的）有控制的、破坏性或毁灭性的对抗。

广义信息对抗的内容涉及军事和民事两大领域，包括：

(1)为维护国家的安全和利益，对于信息技术和系统所进行的研究、生产、装备、使用活动。

(2)对于其他国家上述活动所进行的侦察、干扰、破坏和技术上的对抗与竞争，以及其他运用信息技术手段为本国安全利益所进行的斗争。

广义信息对抗的基本特点：

(1)军事与民事领域,平时与战时、战场内与战场外均可进行;

(2)在战争中发挥主导作用的能量形式有了突破性转变;

(3)战争手段创新,进行战争的手段主要是技术高密集的信息化装备和数字化部队。

(4)攻击的目标,主要是敌方的信息系统和认识体系等要害。

2. 狭义信息对抗

狭义信息对抗指在情报支援下,综合运用军事欺骗、作战保密、心理战、电子战和实体摧毁等手段,攻击包括人员在内的整个敌信息系统,破坏信息流,以影响、削弱和摧毁敌指挥控制能力,同时保护己方的指挥控制能力免遭敌类似行动的影响。

从狭义的军事领域来说,信息对抗的内容包括:

(1)使用信息技术手段进行的探测、侦察、引导、指挥、控制、通信、信息处理、伪装欺骗和打击杀伤等作战行动。

(2)对敌方上述活动所进行的电子对抗侦察、干扰、破坏和反利用而采取的对抗措施等。军事领域的信息对抗是在电子对抗的基础上发展起来的,其主体仍然是电子对抗,信息对抗是电子对抗的发展和升华。

1.2 信息对抗的基本样式

1.2.1 指挥控制战

指挥控制战是在军事领域内实施信息对抗的最主要形式。

美国在 1996 年 3 月 31 日颁发的《3210、03 号参联主席指令》给指挥控制战下的定义是:“在情报的支援下,综合利用作战保密、军事欺骗、心理战、电子战和物理摧毁等手段,在使己方指挥控制能力得到严密防护的同时,使敌方得不到信息,并影响、削弱或摧毁敌指挥控制能力”。

指挥控制战的实质是通过对敌方信息系统实施物理或电子(包括有害软件程序)攻击,来阻隔敌军部队与指挥员的联系,破坏其指挥能力,干扰指挥员决策。

在实施指挥控制战中,选择攻击敌人部队“技术结合部”,可能更有效地破坏其指挥控制系统;选择攻击敌人最高指挥层,可使敌人受到更大的伤害。

1.2.2 电子战

电子战是信息对抗的重要组成部分,也是实施信息对抗的重要作战样式。电子战包括电子进攻、电子防护和电子支援三部分。

电子战是在雷达、声呐、通信、导航等无线电及光电领域内实施的电子及光电侦察与反侦察、干扰与反干扰、欺骗与反欺骗(目标识别)等方面的斗争。

1.2.3 情报战

实施信息对抗时,极其重要的是要能得到情报信息。人造卫星技术和成像系统的进步,使侦察能力和监视能力有了很大的提高。

使用红外线、紫外线、地表震动、声像、嗅觉等探测装置,采集和利用数据融合技术,可及时向用户提供可靠的信息。未来，由于小型高效计算机和传感器的使用，各国将部署更多的战术情报系统。这些情报系统的信息将由部署在太空、空中、近海和陆地上的传感器通过滤除系统和提示系统提供给战场指挥官，以帮助他们打赢信息战。

1.2.4　经济信息战

目前世界各国的经济贸易走向全球化，一个国家想要达到本国利益目标，就要经常有计划有组织地实施"黑客行动"和投机活动。计算机黑客或投机商们利用股票及银行等要害部门的电子信息系统来改变股票市场和银行现金流量来攻击一个国家的经济，或者在网上发出某一敌对国的货币即将贬值的暗示，而引起敌对国金融市场的混乱。

1.2.5　"黑客战"(计算机战)

这是一种崭新的攻击方式，是针对计算机和计算机使用者的，目的是破坏或者利用敌方的信息系统。"黑客战"的主要武器是计算机。它是由熟谙计算机及网络技术的高手，通过软盘、终端、通信网络或者其他方法进入计算机系统，进行情报信息窃取、破坏等恶意活动。"黑客"可以利用一条电话线、一台计算机对敌方信息系统输入有害的软件程序，以瘫痪敌信息系统，或迫使敌方信息系统周期性关闭，另外还可以大量偷窃敌方信息数据。除了向计算机网络注入"病毒"外，还可以向敌方计算机系统注入"微生物"，这种"微生物"能吞噬电子系统，使计算机系统长时间无法运行。

1.2.6　计算机网络战

网络战是为干扰、破坏敌方网络信息系统，并保证己方网络信息系统的正常运行而采取的一系列网络攻防行动。网络战正在成为高技术战争的一种日益重要的作战样式，它可以破坏敌方的指挥控制、情报信息和防空等军用网络系统，甚至可以悄无声息地破坏、瘫痪、控制敌方的商务、政务等民用网络系统。

美军认为，网络战是为干扰、破坏敌方网络信息系统，并保证己方网络信息系统的正常运行而采取的一系列网络攻防行动。网络战分为两大类，一类是战略网络战，另一类是战场网络战。

战略网络战又有平时和战时两种。平时战略网络战是在双方不发生有火力杀伤破坏的战争情况下，一方对另一方的金融网络信息系统、交通网络信息系统、电力网络信息系统等民用网络信息设施及战略级军事网络信息系统，以计算机病毒、逻辑炸弹、黑客等手段实施的攻击。而战时战略网络战则是在战争状态下，一方对另一方战略级军用和民用网络信息系统的攻击。

战场网络战旨在攻击、破坏、干扰敌军战场信息网络系统和保护己方信息网络系统。其主要方式有：利用敌接受路径和各种"后门"，将病毒送入目标计算机系统；让黑客利用计算机开放结构的缺陷和计算操作程序中的漏洞，使用专门的破译软件，在系统内破译超级用户的口令；将病毒植入计算机芯片，需要时利用无线遥控等手段将其激活；采用各种管理和技术手段，对己方信息网络系统严加防护。当然，战场网络战的作战手段也可用于战略网络战。

早在1991年的海湾战争中，美军就对伊拉克实施了网络战。开战前，美国中央情报局派特工到伊拉克，将其从法国购买的防空系统使用的打印机芯片换成含有计算机病毒的芯片。在战略空袭前，又用遥控手段激活了病毒，致使伊防空指挥中心主计算机系统程序错乱，防空

C3I 系统失灵。在 1999 年的科索沃战争中，网络战的规模和效果都有增无减。南联盟使用多种计算机病毒，组织“黑客”实施网络攻击，使北约军队的一些网站被垃圾信息阻塞，北约的一些计算机网络系统曾一度瘫痪。北约一方面强化网络防护措施，另一方面实施网络反击战，将大量病毒和欺骗性信息注入南军计算机网络系统，致使南军防空系统陷于瘫痪。

1.2.7 心理战

心理战即运用心理学的原理原则，以人类的心理为战场，有计划地采用各种手段，对人的认知、情感和意志施加影响，在无形中打击敌人的心志，以最小的代价换取最大胜利和利益。通过宣传等方式从精神上瓦解敌方军民斗志或消除敌方宣传所造成的影响的对抗活动。它通常分为政治心理战、经济心理战、外交心理战和文化心理战等。

我国古代的《孙子兵法》很大一部分讲的是心理战，海湾战争以及美英联军攻打伊拉克的战争均成功地使用了心理战。

心理战告诉我们，一个军队的心理被击垮了，那么这个军队肯定会吃败仗。对于我们自己来说，如果我们被自己固有的心理劣势打倒了，我们的人生也一定会是失败的人生。

心理战的目的有 3 个：一是最大限度地争取盟友，孤立对方，置对方于心理弱势和劣势；二是在本民族、本国家内部赢得民心民意，形成同仇敌忾的强大气势；三是以正义之师的形象激励参战人员斗志和士气，造成官兵的战场心理优势。

心理战常用的手段有声音、光线、形象、传媒、宣传、恐吓、威慑、欺骗、诱惑、诡诈、怀柔以及收买等方面。

心理战在国外早不是新词，而且许多国家对内对外、对敌对友、对中立都用。可不是所有的人都对心理战有好感，苏联就认为“心理战是帝国主义的卑鄙、伎俩”，他们研究和运用心理战，但就不叫它心理战，而称之为“意识形态斗争”。最近，随着朝鲜半岛紧张局势的加剧，朝鲜指责韩国使用边境地区高音喇叭搞的广播等煽动宣传为“心理战”，强烈要求拆除并扬言必要时给予摧毁。

第二次世界大战后，心理战的地位得到迅速提升，西方大国将其列为国家安全战略的四大支柱之一，把心理战视作“执行国家安全政策的一种战略手段”。“像台湾就非常重视心理战研究，并有专门的部队，他们叫政战部队。”

“心理战的魅力在于它只要针对对手的心理，遵循科学规律，使用一定的方法，就能玩对手于股掌之间。这种被称为不花钱的战争样式比流血、摧毁更吸引人。许多时候，它能解决兵战解决不了的问题。”

1.3 信息对抗的作用

1.3.1 信息侦察的作用

信息侦察是指利用情报人员及各种侦察设备和器材（如侦察卫星、无人驾驶飞机、雷达以及无线电监视器等），采取全方位探测、全领域侦察和全过程运作，搜索、截获、监视、收集、分析和识别敌方信息，以获取情报的一种手段。

1.3.2　信息进攻的作用

信息进攻由信息干扰和破坏、“硬”武器的打击两部分组成，包括偷窃数据、散播错误信息、否认或拒绝数据存取、从物理上摧毁作为数据存储和分发的部分磁盘及武器平台与设施。

信息进攻是指为削弱、破坏和摧毁敌方获取、处理、传递、使用信息的能力而实施的主动攻击行动。

1.3.3　信息防御的作用

信息防御是指针对敌人可能采取的信息攻击行为，采取强有力的措施保护己方的信息系统和网络，从而保护信息的安全。

信息防御体系由信息保护、电磁防护、物理防护三大方面组成，通过使用病毒检查、嗅探器、密码和网络安全系统抵御敌方的进攻。

严密的信息防御，可保护己方情报不受控制和破坏；保证指挥、控制、通信和计算机、情报网络系统的安全生存，并在通过频谱封锁之后仍能恢复原有功能；保证依赖于信息的武力支援和武器系统能够有效发挥作用。

第2章 信息进攻

信息进攻是指在联合(合同)作战指挥员和信息作战指挥机构的统一指挥下,围绕夺取和保持制信息权,由专业信息进攻力量和非专业力量,采用电子干扰、电子欺骗、计算机病毒攻击和网络渗透、兵力破袭和火力摧毁、心理攻击等综合措施,最大限度地削弱、破坏、瓦解敌方信息系统的主动攻势作战行动。

信息进攻的方法有两类:

一是采用非常规的电子和信息的渗透技术,通过有意地渗透到敌方的信息和控制系统,干扰或欺骗敌人,使之无法或错误地决策。

二是采用常规的精确攻击、实体摧毁,破坏敌方的信息搜集、处理与分发系统、指挥控制系统,削弱其情报搜集和指挥控制能力。

2.1 电子干扰

电子干扰是指为使敌方电子设备和系统丧失或降低效能所采取的电波扰乱措施。电子干扰是电子对抗的重要组成部分,是具有软杀伤特征的电子进攻手段,是电子对抗的组成部分。其目的是削弱或破坏敌方使用各种电子设备和系统执行战场侦察、作战指挥、通信联络和兵器控制与制导的能力,为隐蔽己方企图和提高己方飞机、舰艇的生存能力创造有利条件。

2.1.1 电子干扰的分类

通常按产生的方法、作用的性质和作用的对象进行分类。

(1)按产生的方法可将电子干扰分为有源电子干扰和无源电子干扰两类。

有源电子干扰是用专门的干扰发射机发射或转发某种形式的电磁波,使敌方电子设备和系统工作受到扰乱或破坏。发射的干扰信号载频、功率和调制方式(干扰样式)是根据欲干扰的电子设备的类型、工作频率和技术体制等确定的。

无源电子干扰是用本身不发射电磁波的箔条、反射器或电波吸收体等器材,反射或吸收敌方电子设备发射的电波,使其效能受到削弱或破坏。这类干扰,主要用于干扰雷达、激光测距装置等以接收反射电波来工作的电子设备。

(2)按干扰的作用性质可将电子干扰分为压制性电子干扰和欺骗性电子干扰。

压制性电子干扰是指造成电子设备的接收系统过载、饱和或难以获取有用信号的干扰。

欺骗性电子干扰是以与有用信号相同或相似并含有假信息的信号,使电子设备或操纵人员真假难辨,造成错误的识别和判断的干扰。

(3)按干扰的对象可将电子干扰分为无线电通信干扰、无线电导航干扰、雷达干扰、无线电遥控干扰、无线电遥测干扰、红外干扰、激光干扰等。一些国家还将对声呐等水声电子设备的干扰也列入电子干扰的范围。

2.1.2 电子干扰的实施

电子干扰的实施，通常是按统一的电子对抗计划，同部队战斗行动协调地进行。由于陆、海、空军的作战特点不同，它们对电子干扰的战术应用也不完全相同。在航空兵突防作战中，一般有远距支援电子干扰、近距支援电子干扰、随行电子干扰和自卫电子干扰4种基本战术。

(1)远距支援电子干扰，即用电子干扰飞机在作战地域(敌地面防空武器有效射程)以外，对目标附近的主要电子设备和系统施放大功率综合电子干扰，掩护攻击机群的战斗行动。

(2)近距支援电子干扰，即电子干扰飞机作为攻击机编队的先导机随编队一起突防，并在距目标的一定距离上盘旋飞行，施放电子干扰，掩护攻击飞机执行作战任务。

(3)随行电子干扰，即电子干扰飞机在突防和作战过程中，在编队中施放电子干扰，掩护攻击机群作战。

(4)自卫电子干扰，即作战飞机自身携带电子干扰设备和器材，在执行任务中施放电子干扰，保护自身安全。水面舰艇、潜艇作战，偏重于自卫电子干扰。地面部队作战，不论是进攻还是防御，都强调合理配置电子干扰群，干扰压制敌方通信指挥系统。

2.1.3 电子干扰的发展趋势

电子干扰的发展趋势是：不断探索新的电子干扰技术，发展新型电子干扰设备和器材，扩展干扰的电磁频谱范围和增大干扰有效性，提高干扰过程的自动化程度和对复杂的新型电子设备的干扰能力，以及广泛采用模拟设备研究发展电子干扰战术。

2.2 网络攻击

计算机网络进攻主要用于进攻性信息作战。

计算机网络进攻的主要战略目标是敌方的军事、金融、电力、电信等系统中以计算机网络为核心的信息基础设施。

2.2.1 计算机病毒攻击

计算机及其网络已越来越成为各种军用电子设备和高技术武器系统不可缺少的组成部分。计算机的信息需要存取、复制、传送，病毒作为信息的一种形式可以随之繁殖、感染、破坏，并且，在病毒取得控制权后，它们会主动寻找感染目标，使自己广为流传。

计算机病毒的结构和特点：

1. 计算机病毒的结构

计算机病毒是以计算机系统为环境而存在并发展的，所以，可以认为计算机系统的硬件、软件环境决定了计算机病毒的结构，而这种结构是能够充分利用计算机系统资源进行活动的最合理体现。

病毒的主要组成部分是传染模块和表现及破坏模块，每个模块又有两个程序段：条件判断和实施段。

(1)计算机病毒的传染模块。计算机病毒的传染模块是计算机病毒由一个系统扩散到另一个系统、一个网络传入另一网络、一张软盘传染另一张软盘的唯一途径。它担负计算机病毒的扩散任务。

(2)计算机病毒的破坏及表现模块。一个特定的计算机病毒的编写,体现了这种病毒设计者的目的,不仅可以通过传染方式粗略地判断病毒设计者的目的,还可以通过计算机病毒的破坏和表现模块来判断计算机病毒设计者是否为恶意攻击者。

2. 计算机病毒的特点

(1)计算机病毒是一种可执行的计算机程序。

(2)计算机病毒的广泛传染性。传染性是衡量一种程序是否为病毒的首要条件。

(3)计算机病毒的潜伏性。计算机病毒潜伏性是指它具有依附于其他媒体而寄生的能力。

(4)计算机病毒的可触发性。计算机病毒一般都有一个触发条件,如在一定的条件下可激活一个病毒的传染机制使之进行传染。

(5)计算机病毒的破坏性。

(6)计算机病毒的针对性。现在世界上出现的计算机病毒,并不是对所有计算机系统都进行传染。

3. 计算机病毒的分类

计算机病毒种类有很多,但根据其性质、功能和造成的危害,大致可分为6种类型。

(1)定时炸弹型。这种病毒进入敌方计算机系统后,并不立即影响敌方计算机系统的正常工作,等到预定时间和特定的事件发生后,便突然被触发,发挥其破坏作用,毁坏计算机系统内的有关数据或破坏系统的正常运行,其特点是隐蔽性好。

(2)暗杀型。它是专门用来销毁敌方计算机系统内的某种特定文件和数据,并且不留任何痕迹。

(3)强制隔离型。这种病毒能自动地将计算机系统关闭,中断计算机系统的工作。迫使敌方的信息系统陷入瘫痪,使其无法发挥其应有的作用和作战效能。

(4)超载型或复制型。这种病毒进入敌方信息系统中的计算机系统后,便可以大量复制,大量占据计算机系统内的存储器,覆盖其作战数据和文件,使计算机系统因其存储器超载而无法工作。

(5)间谍型。这种病毒能按攻击者的要求,自动寻找所指定的数据、信息和文件,并将它们转发到指定的地点。

(6)矫令型。这种病毒可以将敌方下达的命令接收下来,然后增加错误指令再传送给敌方,扰乱敌方的行动。

4. 计算机病毒攻击的对象及方法

计算机病毒攻击的主要对象是敌方的各种信息系统,如指挥控制与通信系统、计算机网络系统、雷达情报网络系统、各种传感器等,以及各种武器控制系统,如现代飞机、舰艇、坦克、导弹等的自动驾驶、火控和制导系统,这些系统都是以计算机为核心的。

这些信息系统大致分为三类:

(1)全封闭型系统。这类系统一般是由专用单机或专用计算机局域网络组成的,它们与外界无任何数据、程序、指令的通信联系。

(2)有线与无线兼有的半封闭式系统。这类系统一般是带有无线链路的区域网络,它们与外界无任何信息联系,只是在本网络系统内存在信息流动(网络通信链路是由有线和无线两种方式组成的)。

(3)公共网络上的节点系统。这类系统是公共数据网络上的节点,它们共享公共数据网络上的软件、硬件资源,一般不允许非授权用户使用其系统资源。这种公共数据网络一般是异种(微型机、小型机和大型机)互连的广域网。

针对目前这三类军用信息系统,计算机病毒攻击通常可以采用下述3种方式:

(1)对于全封闭系统的计算机病毒攻击。这类系统没有传感器,没有信息传输信道,也就是说与外界没有任何接触。无关人员不能接近它们,所以,很难用计算机病毒直接攻击它们。

对于这类计算机系统,可在设备研制和生产期间将病毒注入。

例如,在1991年的海湾战争中,在战争爆发前不久,美国获悉伊拉克将从法国购买一种用于防空系统的新型电脑打印机,准备通过约旦首都安曼偷运到巴格达。美国在安曼的特工人员偷偷地把一套带有计算机病毒的同类芯片装到这种打印机中,从而通过打印机使病毒侵人到伊拉克军事指挥中心的主计算机中。结果在战争爆发后,由于计算机病毒作怪,伊军花费巨额资金建立起来的防空武器系统不能有效地对付以美国为首的多国部队的攻击。这是海湾战争中伊军防空系统陷入瘫痪的重要原因之一,也是世界上用计算机病毒进行作战的首次战例。

(2)对于有传感器输入的半封闭式系统的计算机病毒攻击。这类系统一般带有计算机程控的接收设备。例如,无线电通信接收机和雷达等前端传感器,通过传感器接收有关信息,然后将这些信息进行处理。

对于这类系统,计算机病毒的直接攻击很难有效地发挥作用,但是作为"逻辑炸弹"之类的计算机病毒,照样可以发挥其攻击的作用,这是因为像"逻辑炸弹"之类的病毒,可预先安插到这类系统的正常程序中。平时,这类计算机病毒处于休眠状态,当需要时,可利用电磁辐射信号,通过敌方的传感器将电磁辐射信号转换成激发计算机病毒发作的触发信号,触发计算机病毒发作,使其发挥攻击作用。

(3)对于公共网络系统中的节点系统的攻击。由于这类系统与外界有信息交流,因而可以通过通信线路向这类系统输入计算机病毒,实施攻击。同时,对于这类系统可采用网络攻击的方法。

2.2.2 计算机网络入侵

计算机网络入侵,是指用非法手段进入计算机网络系统,随意浏览、窃取、篡改数据,使他人无法访问和得到服务,以及以某种方式造成计算机网络损失或破坏的个人或组织所采取的有意识的行动。

1. 计算机网络入侵的目标

计算机网络入侵的目标,是攻击对方计算机网络系统和破坏其系统的安全性、完整性以及可用性。

(1)安全性。所谓安全性是指计算机网络系统中所存储的信息仅限于授权的用户访问,这种访问包括对信息的打印、显示和以其他形式进行信息的下载。

(2)完整性。所谓完整性是指计算机网络系统内所存储的信息仅限于授权用户进行修改,而禁止非授权用户进行修改。这里的修改包括写入、改变某些信息的内容、改变某种状态、删除和建立。

(3)可用性。所谓可用性是指计算机网络系统内所存储的信息对于授权用户来说是可以使用的。

2. 计算机网络入侵的分类

根据计算机网络入侵对计算机网络攻击的目的，我们可以把计算机网络入侵分成4种类型。

(1)中断型。所谓中断就是利用计算机网络入侵攻击敌方的计算机网络系统中的某些节点，破坏其信息传输通路，使信息传输发生中断而无法进行信息传输。

(2)侦收型。通过对计算机网络系统中某些关键节点中的信息访问(这种访问是非授权的，属于网络入侵行为)，获取敌方的有用信息，转发到已方的某个地点，从而达到截获敌方秘密信息的目的。这种攻击的目的是截获敌方计算机网络系统中的秘密情报的内容。

(3)篡改型。通过对计算机网络系统中某些关键节点的访问，不仅提取已方有用的信息，同时对原信息进行修改、删除或重新建立文件等，从而达到破坏其信息完整性的目的。

(4)欺骗型。通过利用纵横交错的计算机网络的某个节点，把已方的计算机联入敌方的计算机网络，把已方的假情报、假决心、假部署传送给敌方，迷惑敌方，诱使敌方判断失误；向敌指挥官发布假命令、假指示、假计划，使敌方的军事行动陷入混乱。

以上4种类型的计算机网络攻击可进一步分成两大类，即被动性计算机网络攻击和主动性计算机网络攻击。

3. 被动性计算机网络攻击

被动性计算机网络攻击就是利用计算机网络技术，对敌方网络系统中的信息进行搭线监听，获取正在传输的信息。

它包括两个方面的含义：

(1)搭线监听；

(2)网络流量分析。

4. 主动性计算机网络攻击

主动性计算机网络攻击就是利用计算机网络技术，对敌方网络系统中的信息流进行修改或创建一个虚假信息流。

主动性网络攻击包括四方面的内容：伪装与冒充、重发、修改和拒止。

(1)伪装与冒充。就是设法冒充敌方的一个信息系统，给敌方发假消息，欺骗敌人。它通常与其他某个主动攻击手段配合使用。

(2)重发。重发攻击就是攻击者发送一个目的主机已接收过的包，来达到欺骗系统的目的，主要用于身份认证过程。

(3)修改。就是首先截获敌方的信息流，然后对信息流内的消息进行一定的修改，这里的修改包括两层含义：修改消息的内容和修改消息的权限。例如，将“允许李四阅读某秘密文件”修改成“允许张三阅读某秘密文件”。

(4)拒止。阻止和破坏敌方正常地使用或管理通信手段和设备，阻止其进行信息传输。

2.3 心理作战

、心理作战亦称心理战。它是以特定的信息及信息媒体作为武器进行的作战。其目的不是首先或直接使用军事手段消灭敌人，而是以人的心理为目标，利用人的心理变化规律，通过心理宣传、心理欺诈和心理威慑等多种手段，有意识地实施大量的信息传递，对人的精神产生影响，进而影响敌人的情绪、动机、客观推理，并最终影响外国政府、组织、团体和个人的行为，瓦解敌人的士气和对抗意志，使其放弃对抗乃至投降。它是以较小的代价换取较大胜利的一种信息作战手段。

心理作战是人类有史以来最古老的“武器”之一，是通过向敌人传达精心挑选的信息和暗示，对他们的情绪、士气、思维能力产生影响，最终左右团队和个人的行为。其“非致命性”更是现代战争必不可少的一环。

心理战是一场精神战役，你的武器就是对方的“视”与“听”。面对面地交谈、视频方式（电视）、音频方式（收音机或扩音器）以及任何可视媒体（传单、报纸、书籍、杂志或标语等）都是可以利用的手段。问题的关键不在于如何传送这些信息，而在于信息的内容以及如何作用于接收方。

人们常说“笔利于剑”，如果运用巧妙，笔端的文字足以触动人们的灵魂。为了确保心理战达到预期目的，必须周密计划整个行动。首先，应深入了解敌人，摸透他们的心理，要避免掉入自以为是的陷阱。

那么该如何达到“知彼”呢？情报侦察，区域研究，民间调查，审问变节者、当地人，甚至包括敌方的战俘都是信息的重要来源。美军在“沙漠风暴”行动中印制的传单，在散发前都经过了肯合作的敌方战俘的审阅。这些战俘的建议有：去掉传单上所有的红色，对于伊拉克人来说这是危险的信号；传单上的盟军士兵照片下巴上应留有胡须，而不是一张刮得干干净净的脸，因为在伊拉克文化中胡须象征着信任和手足情谊；还有应该在传单上的果盘里加上香蕉来诱降伊拉克士兵，因为香蕉在伊拉克是难得的美味；等等。

战时，心理战并不是一种战斗样式，而是在血腥的环境中使用非暴力手段来提高战斗力的一种手段。

2.3.1 心理作战的层次

心理作战可分为战略、战役和战术 3 个层次。

在战略层次，心理作战可以利用政治或外交的立场、声明或公报等形式，来影响外国团体或领导人的行为，促进战略目的的实现。

在战术层次，战术指挥员在所指定的作战地域内利用高音喇叭广播和其他手段实施战术性心理作战，这可以加剧敌军的恐惧心理以及敌军之间的意见分歧，从而达成战术目的的迅速实现。

在战役层次，心理作战可以通过散发传单、高音喇叭广播、无线电广播和电视广播等信息传播手段，加速敌方部队叛变、逃亡和投降。持续不断的心理作战攻击能对整个作战任务的完成产生综合效果，能加速敌方士气的衰退和进一步促使其逃亡。

2.3.2 现代心理作战的特点

在近几场高技术局部战争中，随着军事高技术的广泛应用，心理战逐渐发展成为一种独立的作战样式。与传统的心理战相比，现代心理战地位上升，内涵也更为丰富。本书着眼于近几场高技术局部战争中心理战的实施和运用，对高技术条件下心理战的基本特点作一探讨。

1. 心理战地位上升，成为国家军事战略的重要组成部分

以信息技术为核心的高技术的发展，使心理战在现代战争中的地位和作用日益凸显。一

方面，高技术武器装备的飞速发展和广泛应用，使现代战争产生了高消耗的特点。为避免高技术武器装备在战争中带来的巨大破坏，各国在力求通过战争达到其政治目的的同时，也在努力减少因战争造成的物质损耗和人员伤亡。因此，能够达到“不战而胜”的心理战自然成为各国在战争中的重要选择。另一方面，高技术武器装备广泛应用于作战，在一定意义上，使现代战争的作战空间贬值，作战时间增值。单位时间内的作战效能，成为衡量军队战斗力的重要标准。为增强短时间内的作战效果，在强调武力打击的同时，交战各国在战争中更加重视对敌人心理的打击，以求通过摧毁敌人的意志来使己方在最短的时间内达到战争目的。

高技术条件下的心理战已经成为各国军队谋划战争的重要内容，成为国家军事战略的一个重要组成部分。许多国家在制定军事战略时，都把心理战作为优先考虑的因素之一。发展经济不仅在于改善国民的生活条件，还在于提高综合国力，加强本国在国际事务中的影响力，以此来提高国民的自信心，增强凝聚力。同样，发展高技术不仅在于追求科学技术上的进步，还包含着通过改变技术上的劣势来改变国民心理上的劣势，并通过技术上的优势达成国民心理上的优势的意图。

2. 心理战领域扩大，作战范围拓展至全维空间

一是心理作战的时空拓展。从近几场高技术局部战争中可以看出，心理战范围趋向全方位、大纵深、多层次。从空间上看，心理战突破了前方与后方的界限，天空、地面、水下都已成为心理战的战场。从时间上看，心理战已经逾越了战时与平时的界限，不仅广泛用于战时，而且渗透于平时。伊拉克战争中，美军在战争开始之前，就在国际上大造舆论声势，利用联合国武器核查对伊拉克政府和军民进行心理威慑；在战争中，其心理战手段更是层出不穷，充斥着战场的每一个角落；战争结束后，为了收买民心，巩固胜利成果，美国的心理战宣传也从未停止过。

二是作战领域扩大。现代心理战已突破军事领域，扩大到政治、经济、外交、文化、宗教等领域。在近几场高技术局部战争中，交战国除了更加重视战场心理战的运用外，也非常注重在政治、经济、外交、文化等领域通过各种手段对敌国军民在心理上进行分化瓦解。美国在海湾战争、科索沃战争以及伊拉克战争中，为达到自己的政治目的，积极通过外交手段拉拢一些西方国家结成战争同盟，对其敌国形成强大的军事力量威慑；在世界范围内大肆宣传发动战争的正义性，最大限度地孤立作战对手。美国的这些措施对敌国产生了明显的心理震慑，造成了敌对国军民的心理恐慌，削弱了同美国进行对抗的信心和决心。

三是作战对象多元化。高技术条件下，交战各方为了提高心理战效果，加强了对敌方的全面心理打击，其心理作战对象已不仅是前方作战的敌方士兵与军官，而且包括敌方的后方居民和全体人员，特别是把攻击和影响对方决策层，诱使其立场动摇、决策失误作为主要目标。同时，为了争取世界人民的支持和同情，巩固同盟国的关系，创造有利于己的战争形势，心理战的对象也不再局限于敌对方面，还包括中立国家和整个国际社会。传统的心理战方式，甚至原始的散发传单的方式仍在继续使用。同时，现代科学技术赋予了传统心理战手段新的内容。在海湾战争中，美军向敌国境内投放了许多收音机，这些收音机只能接收到美国发送的固定波段内容，使敌国民众在收听节目时只能接收美国播出的节目，大大增强了心理战宣传效果。

3. 心理战手段先进，作战方式趋向多样化

在近几场高技术局部战争中，各种信息媒介的大量使用，改变了传统的心理作战方式，心

理战更加电子化、信息化。一方面，现代科技的发展使心理战手段逐步高技术化。现代科技尤其是信息技术的发展，使心理战不再单纯局限于语言文字的宣传，可以用影视图像、虚拟现实、幻听幻觉、实施信息剥夺、制造信息混乱等智能化、多样化的手段实施。尤其是电视和互联网，已成为近几场高技术局部战争中进行心理战的重要工具。伊拉克战争首次实现直播，电视作为心理战宣传工具发挥了突出的作用，各种假信息画面给伊拉克政权和民众造成了很大的心理影响。此外，现代高技术武器装备已不再单纯是一种高能量的武器，其强烈的声、光效应和巨大的毁伤力也对敌方产生了强大的心理震慑作用。

另一方面，传统心理战手段与现代心理战手段并存，使高技术条件下心理战手段变得多样化。高技术条件下，传统的心理战手段和方式仍然存在，并发挥着重要作用。传单、图片仍是心理战宣传的重要形式，如空飘、水漂、大炮发射、飞机空中播撒传单等。

4. 心理战组织复杂，作战实施逐步专业化

高技术条件下，心理战涉及的范围越来越广，包含的内容也越来越多，使心理战的组织实施变得更加复杂。

一是心理战的战前准备要求高。高技术战争条件下，战场上情况瞬息万变，对心理战准备提出了更高的要求。各国在进行心理战准备时，都是立足于战略的高度，结合不同领域进行心理战的特点，以及高技术战争条件下可能遇到的种种复杂情况，制订详细而又周密的心理战计划，并根据计划进行人员、器材等诸多方面的准备。在伊拉克战争中，美军为提高心理战效果，在战争开始之前，加强训练心理战部队，组织专家全面研究伊拉克的历史文化传统和民众心理状况，制订了详细的心理战计划，充分的战前准备为其在战争中实施心理战创造了良好的条件。

二是战争中心理战对抗激烈。高技术战争条件下，武器装备的效能空前提高，交战双方心理战对抗显得尤为激烈。在战争实施过程中，现代新闻媒体的强大功能，使心理战信息传播更快、迷惑性更大，产生更强烈的心理效果，也使交战双方争夺制信息权的斗争显得更加激烈。激烈的对抗不仅使指挥员在实施心理战过程中遇到的作战情况更加复杂，而且也给指挥员带来了巨大的心理压力。

三是心理战的作战实施专业化。随着现代战争的发展，世界上许多国家都建立了完善的心理战机构和专业的心理战部队。在战争中，派出大量的心理战分队渗入敌境内实施各种心理作战行动。心理战部队的官兵不仅装备了先进的心理战武器和器材，而且都经过了严格的心理战训练，具有很强的战场适应能力和心理作战能力。心理战的组织实施逐步变得专业化，作战效能也空前提高。如美军在入侵格林纳达之前，就派出一支心理战小分队，先于主力部队上岛，破坏了格林纳达电台、电视台等对外宣传的主要喉舌，在格林纳达军队的心理上造成了极大混乱，对取得战争的胜利起到了重要作用。

2.3.3　心理作战的手段

为了达到心理作战的目的而采取的方法和措施，统称为心理作战手段。归纳起来，心理作战最基本的手段主要有心理宣传（传单、电视、计算机网络）、心理欺诈和心理威慑。

2.4 实体摧毁

实体摧毁是使用硬杀伤武器攻击指定的目标，包括对方的信息系统、电子战系统和指挥所等。联合信息作战的实体摧毁行动，与“五环目标论”有许多相同之处。这个理论是由美空军退役上校约翰·沃登提出的。他用5个同心环表示他的理论。国家指挥中心处于中心环内，其他四个环由内向外分别是关键系统、基础设施（如车站、桥梁等）、民众心理和作战部队，最有效的方法就是攻击中心环。如果不行的话，就攻击最靠近内侧的环。攻击越靠内的环，对领导层的影响就越大；越靠外，对领导层的影响就越小。

美军在实施实体摧毁时有3个特点：一是要对目标进行权衡。就是要比较保留这个目标带来的利益大，还是摧毁它带来的利益大。二是摧毁敌信息系统中的关节点。攻击敌方信息系统的一个或几个关节点，敌方整个系统的效能应付下降，甚至可能瘫痪。三是直接攻击敌方军政领导人。如第二次世界大战时击毙日军的山本五十六大将，美军指出，“在战争剩下的时间里，日本人无时无刻不感受到此次行动的影响。”

第3章　信息防御

信息防御是指围绕夺取和保持控制信息权，为保护己方的信息和信息系统的安全而采取的以反侦察、反干扰、反摧毁、反计算机攻击为主要内容并与攻势行动相结合的信息系统防护以及信息安全保密等综合措施和行动。

信息防御的主要任务是保护己方作战信息和信息系统的安全，确保信息的获取、传递、处理和使用能力，防止敌方对我方实施心理战。主要包括信息系统防护、信息安全保密、信息心理防御。

3.1　信息防御系统概述

3.1.1　信息防御系统的概念

信息防御是通过保证信息的可用性、完整性、真实性、保密性和不可抵赖性来保护信息系统的。信息防御应该是通过检测、反应和恢复，对攻击作出反应的手段。

信息防御系统从总体上来说，是确定如何综合使用各种设备、综合采取各种方法和措施以便在数据自动化处理系统中实施信息防御的问题。信息防御的任务在于，消除及中和攻击者破坏信息的完整性所造成的不稳定因素，以便保证信息的完整性，以及当有非法入侵时转入其他轨道以避免非法入侵获得信息，达到信息防御的目的。与此基本目的相关的另一个重要信息防御方面，就是应当预防非法入侵获得信息。

3.1.2　构建信息防御系统的重要性

基于信息防御系统的目的，其重要作用主要体现在以下三方面：一是对信息系统自身的防御，它是一种硬防护，是对信息系统的实体防护，包括电磁防护、核物理防护，是确保信息系统生存防御能力的前提和物理基础；二是对信息系统运行的防御，是一种软防护，是实现信息系统功能和正常发挥系统作战效能的关键；三是对运行于信息系统中的信息的防护，它是提高整体作战效能的要害。

信息防御系统的保护目标，可以分为以下几种：①使用者终端（或电子计算机用户）；②成套设备（成套用户台站）；③通信枢纽，通信线路；④大型机器库房；⑤电子计算机外存储器带宽；⑥非通信自动化频道的接收、发送信息的带宽；⑦备份数据的带宽；⑧受保护的载体。

3.2　信息系统防护的重点

信息系统以计算机网络为基础。

信息系统均含有大量的机密信息，这些信息需要处理、加工、存储和传输。

信息系统不论如何组织，采用何种结构，如果它不是建立在“可信安全基础”之上，这样的信息系统是没有足够的安全性的，一旦受到攻击，后果非常严重。

3.2.1 作战指挥通信网的防护

在现代高技术局部战争中，指挥通信网历来是敌人侦察、电子窃听和运用各种硬杀伤手段攻击的重点目标。

1. 攻击手段

对指挥通信网实施攻击的手段包括卫星、遥感、无线电测向、电子截收。

现代侦察卫星能透过云层或在黑夜里识别敌军的各种伪装和欺骗，把地面上书桌大小的目标侦察得一清二楚。

各种电子侦察飞机可探测对方从战略到战术情报通信网的各种情况。

地面监测站可以全时窃听对方电子情报信息。

2. 指挥通信网防护的要求

(1)通信联络必须具有快速高效和保密传递能力。

传统的以无线电台密码机传递的方式已远远不能适应战争要求。

现代通信联络须采用语音、传真、数据、图像等直听、直读、直译、直观的情报通信方式。

(2)现代高技术局部战争的快节奏，要求通信联络必须具有高度的保密能力。

必须运用保密电话、保密传真、保密图像、保密机要电报等多种保密通信方式，实现明讲密传、明发直收。

(3)通信设备的用户化，要求通信联络必须具有高度的保密能力。

采取保密电话、保密传真和直传文电等通信方式。

3.2.2 预警、探测雷达网的防护

预警、探测雷达网提供敌方攻击的警报，防止战略突袭。

预警系统按职能可分为弹道导弹预警系统和轰炸机预警系统。

弹道导弹预警系统有预警卫星、潜射弹道导弹预警系统、空间探测和跟踪系统等。

轰炸机预警系统有远程预警系统、超视距后向散射雷达、机载预警与控制系统和联合监视系统等。

3.2.3 指挥控制计算机网的防护

对于军事指挥控制系统来说，由于计算机系统的大量使用，毫无例外地存在着计算机信息系统的安全保密问题。

由于计算机网络信息系统在目前的指挥自动化系统中的地位日益突出，因而计算机网的防护已经逐渐成为最重要的问题之一。

以计算机为核心的信息网络已经成为现代军队的神经中枢，其性能优劣和状况好坏不仅直接影响军队战斗力的发挥，而且一旦信息网络遭到攻击并被摧毁，整个军队的战斗力就会降低甚至丧失，国家军事机器就会处于瘫痪状态。

正是因为指挥控制计算机信息网络的这种极端重要性，决定了信息网络必将成为信息作战的重点攻击对象，而信息网络自身的脆弱性，也决定了信息网络必将成为作战中最容易受到

打击的对象。

信息网络的攻击已不再仅仅局限于火力摧毁和电子干扰等传统手段，而将逐步演变成为信息作战中一种全新的作战样式——计算机网络空间作战，简称为网络空间作战。

网络空间作战是以计算机和计算机网络为主要目标，以先进信息技术为基本手段，在整个网络空间上所进行的各类信息攻防作战的总称。

有人提出如果第一次世界大战可以称为“化学家的战争”，第二次世界大战可以称为“物理学家的战争”，那么，21世纪的战争无疑将是“电脑专家的战争”。

正因为网络空间作战将产生如此巨大的效力，所以以美国为首的发达国家纷纷采取各种有效的措施，为未来实施网络空间作战做准备。1995年1～6月，美国著名“思想库”——兰德公司——为国防部设计了6次网络空间作战演习，参加演习的有政府安全机构和国防工业的人员，以研究和分析网络空间作战所产生的主要影响。1995年6月，美军16名“第一代网络战士”从美国国防大学新设立的信息资源管理学院信息作战学校毕业。在信息作战中，他们的任务将是：利用计算机键盘在信息空间与敌人展开全面的信息对抗；以信息技术手段操纵敌人的媒体；通过网络进攻破坏敌人的金融和交通等经济系统；等等。

为了充分发挥指挥控制计算机网的效能，必须加强其自身的防护。

3.3 反电子干扰

反电子干扰，是为最大限度削弱或消除敌方电子干扰对己方电子设备的影响，保障己方电子设备正常工作而采取的电子防御措施或作战行动。其技术手段主要是使用抗干扰性能较强的电子设备。这类设备或是有较合适的信噪比，或是有较强的抗过载能力，或是对无用信号有较强的剔除能力，所以抗干扰能力比一般电子设备强。反电子干扰的战术手段主要有三类：一是“软”抗，即将不同频段，各种类型的电子设备配置成网，以发挥其整体抗干扰能力，或设置隐蔽台站（网）和备用设备并适时启用；二是“硬”抗，即电子设备操作人员运用自身的抗干扰技能实施反干扰；三是兵力、火力打击，即派出兵力深入敌后摧毁其干扰源，或在电子情报侦察定位的配合下，运用空、炮火力摧毁干扰源。

按干扰采用的手段可将反电子干扰分为雷达反电子干扰、通信反电子干扰、反光电干扰三类。

3.3.1 雷达反电子干扰

1. 雷达反电子干扰的技术措施

战争的实践证明，没有抗干扰能力的雷达，很难在现代战场上发挥作用。

主要的雷达反干扰技术有：

(1)采用空间选择技术，例如降低天线旁瓣，旁瓣消匿技术，天线波束自适应变化，尽量减少干扰进入接收机的能量。

(2)加大雷达发射机的功率，增大信号与干扰的比值。

(3)频率选择，例如用频率捷变技术，采用频分集雷达。

(4)极化选择技术，例如采用变极化技术，使干扰与有用信号极化正交，减少干扰进入接收机的能量。

(5)波形选择，即选择适当的调制方式，以便抑制干扰。常见的调制波形有线性调频脉冲压缩信号、二相编码脉冲压缩信号、相干脉冲串信号、噪声调制信号、自适应波形变换等。

(6)最佳接收技术，即匹配滤波技术、视频及中频脉冲串积累、相关积分等。

(7)抗干扰电路，这类电路很多，常见的有脉宽鉴别电路、脉宽限窄电路、频谱中心接收机、抗饱和电路、恒虚警电路等。

(8)抗欺骗式干扰技术，包括抗距离欺骗式干扰技术、抗角度欺骗式干扰技术、抗速度欺骗式干扰技术。

(9)采用抗干扰能力强的雷达体制，如用单脉冲雷达可以抗角度欺骗式干扰，采用频率捷变雷达便于抗压制性干扰等。

雷达抗干扰技术与对雷达的电子干扰技术互相斗争，互相促进。一般来说，一种雷达反干扰技术并不会长时间有效，而且在使用中，往往是几种反干扰技术互相配合，才会获得较好的反干扰效果。

2. 雷达反电子干扰的战术措施

雷达反干扰的战术措施主要有：

(1)合理部署雷达网。把不同频段、不同体制的雷达合理配置，组成雷达网。现代战争中雷达对抗的实战表明，强烈的雷达干扰，可以在一段时间内，对一个或几个方向上的部分雷达进行有效压制，而要在整个时间内，压制整个雷达网中的所有雷达，是相当困难的。

(2)采用多种侦察器材或传感器。在配置雷达的同时，配置各种不同的侦察器材，如光学、激光、红外等侦察器材，当雷达受到干扰时，可采用其他传感器连续不断地掌握目标的情况。

(3)多种反干扰方法结合使用。要针对敌方电子干扰的特点，使用各种不同的反干扰方法。在使用反干扰电路和装置进行反干扰的同时，也要结合操作技术反干扰、改频反干扰、变换工作体制反干扰、启用隐蔽工作频率、利用干扰波束的死角进行探测等方法，灵活地对抗敌方干扰。

(4)在条件允许时，用火力摧毁干扰源。

3.3.2 通信反电子干扰

1. 通信反电子干扰的技术措施

通信反电子干扰的技术措施主要有：

(1)采用抗干扰能力强的通信方式，如数字保密通信、微波接力通信、激光通信等。

(2)提高收信端的信号强度，增大信号与干扰的比值。常用的方法有两种，一是增大发信功率，二是在通信双方之间开设中继站。

(3)采用扩频技术，包括跳频技术、直接序列扩频技术、跳时技术。跳频技术是目前最有效的反干扰技术之一。

(4)采用自适应技术，如自适应天线技术、自适应信道选择、自适应功率选择。

自适应天线技术可以使天线方向图的波瓣零点对准干扰方向，而使最大值方向对准接收方向，从而避开干扰，提高接收的信噪比；自适应信道选择就是监视信道特性，及时准确地发现对方实施电子干扰的种类和特性，迅速采取相应的抗干扰措施，必要时自动转换到其他可用的信道上继续通信；自适应功率控制是功率自动调整，它能根据干扰电平的高低来调整发射机的输出功率，使输出信号电平随干扰电平变化，当干扰强时，使发射机输出功率增大，当干扰弱时，使输出功率减少，这样既省功率，又能压制干扰，也降低了对友邻电台的干扰。

(5)碎发传输技术。

(6)数字通信和纠错编码技术。数字通信抗干扰能力强，由于各种原因，如大气干扰、自身干扰和敌方干扰，信息编码可能产生错误。为解决这个问题，可采用纠错码，它具有发现并纠正错误的能力。

(7)信号转发和分集技术。信号转发就是通信信号不走原来的通信信道，而经转发器转接，以提高抗干扰性能。不过信号转发器必须有信号处理措施，否则经转发的干扰是累积的。中继转发器也可以采用双频工作作为频率分集，一个频率是直接通道上的，一个是转发通道上的，这样可以提高信号的质量。

(8)通信与干扰一体化技术。这是采用通信与干扰一体化的大功率设备，利用微机控制，在一般情况下用做干扰机，必要时加上通信内容作电台用，无论是作干扰还是作通信，都是占用敌方通信信道，故对敌方通信都能造成威胁。

(9)采用野战地域通信网等新的通信制。

上述介绍的几种通信反干扰技术，在实际上往往综合多种技术，这样通信反干扰的能力就会成倍地提高。

2. 通信反电子干扰的战术措施

(1)加强通信人员的反干扰技能训练，在使用技术方法反干扰的同时，采用操作方法反干扰。

(2)灵活使用通信装备，如改变工作频率，提高发射信号功率。

(3)建立隐蔽通信网(专向)，使用反干扰专用联络文件。隐蔽无线电网(专向)，通常在指挥机关对战役或战术的主要方向建立，它是在敌人施放干扰的情况下，保障作战指挥的重要措施。反干扰联络文件是为对付敌方干扰而专门拟制的无线电台联络文件。

(4)建立勤务无线电网(专向)或复式无线电通信。勤务无线电网(专向)是为保障重要方向上的通信稳定而建立的，它可以专设，也可以指定某工作网(专向)兼任；复式无线电台通信是以两套以上的无线电台(通常程式不同)或两个以上的通信波道来保障同一任务的完成。

(5)压制或摧毁干扰源。干扰对方通信干扰系统中的侦察引导设备，会使其无法指示目标和校正干扰，从而降低干扰效果。条件允许的情况下，可以对干扰源进行精确测向与定位，用火力摧毁干扰源。

通信反干扰的战术措施通常和技术措施综合作用，以提高抗干扰效果。

3.3.3 反光电干扰

反光电干扰的任务是在敌方实施光电对抗的情况下，消除对方各种光电干扰信号的影响，或将其影响削弱到所能允许的程度，保证我方光电侦察设备、光电跟踪设备和光电制导设备能正常发挥效能。反光电干扰包括反可见光干扰、反红外干扰与反激光干扰。

反光电干扰的技术与战术措施主要包括下述几个方面：

(1)提高光电侦察设备的抗干扰性能。采用各种新技术和抗干扰电路来提高光电侦察设备的抗干扰性能。常用的技术有多光谱技术、编码技术、背景辐射鉴别技术、自动图像识别技术、红外焦平面阵列技术、凝视阵列技术。

(2)使用具有抗干扰能力的设备。

(3)采用复合制导。

(4)采用防护镜防护激光或其他光源的干扰或伤害。

(5)采用反辐射导弹攻击激光干扰源。

(6)加强抗干扰训练与协同。

3.4 反网络攻击

3.4.1 反计算机病毒

随着计算机技术及网络技术的发展,人们在当今的信息时代对计算机及网络系统的依赖也日渐加深,特别是军用网络也几乎到了离不开计算机的地步。

(1)基于工作站的防护技术。工作站好比通向网络的大门,把好这扇门就能有效防止病毒的侵入。工作站防治病毒主要有3种方法:一是软件防治,定期或不定期地用防毒软件检测工作站的的病毒感染情况;二是在工作站上插防病毒卡.;三是在网络接口卡上安装防病毒芯片。

(2)基于服务器的防护技术。网络瘫痪的一个重要标志就是网络服务器瘫痪。网络服务器是网络的核心,是网络的支柱,服务器一旦被击垮,造成的损失是灾难性的、难以挽回和无法估量的。

目前基于服务器的防治病毒的方法大都采用防毒可装载模块(NLM),以提供实时扫描病毒的能力,有时也结合利用在服务器上插防病毒卡等技术,目的在于保护服务器不受病毒的攻击,从而切断数据进一步传播的途径。

(3)充分利用网络操作系统自身的功能提高防治能力。

3.4.2 反非法入侵

随着计算机网络在军事上的大规模使用,我方的系统遭到非法入侵的风险也随之增加,网络防火墙(Firewall)技术也就应运而生。

1. 防火墙的概念

防火墙是设置在被保护网络和外界之间的一道屏障,以防止发生不可预料的、潜在的破坏性侵入被保护网络的危险。它可通过监测、限制、更改跨越防火墙的数据流,尽可能地对外部屏蔽被保护网络的信息、结构和运行情况等,来实现对网络的安全保护。

2. 防火墙技术类别

防火墙技术可根据防范的方式和侧重点的不同而分为很多种类型,但总体来讲可分为三大类.

(1)数据包过滤(Packet Filter)技术。数据包过滤技术是指在网络中适当的位置对数据包实施有选择的通过,选择的依据是系统内设置的过滤逻辑(通常称为访问控制表),通过检查数据流中每个数据包的源地址、目的地址、所用的端口号、协议链路状态等因素,或它们的结合来确定是否允许数据包通过。只有满足过滤逻辑的数据包才被转发到相应的目的地出口端,其余数据包则被从数据流中删除。

包过滤技术示意图如图3.1所示。

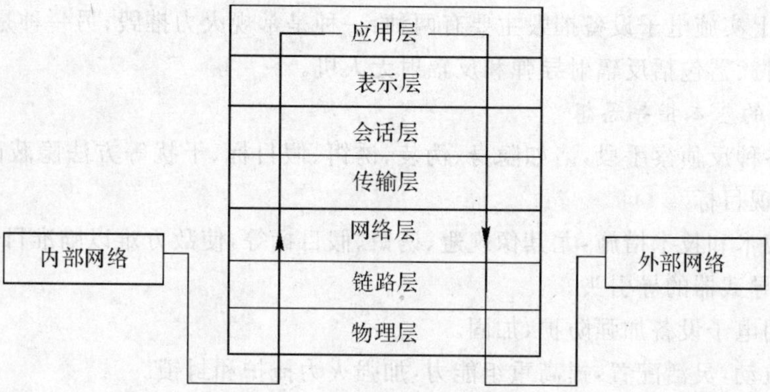

图 3.1 包过滤技术示意图

(2)应用网关(Application Gateway)。应用网关指在网络应用层上建立的协议过滤和转发功能,它针对特别的网络应用服务协议使用指定的数据过滤逻辑,并在按应用协议指定的数据过滤逻辑进行过滤的同时,对数据包分析的结果及采取的措施登录和统计,形成报告。

应用网关技术示意图如图 3.2 所示。

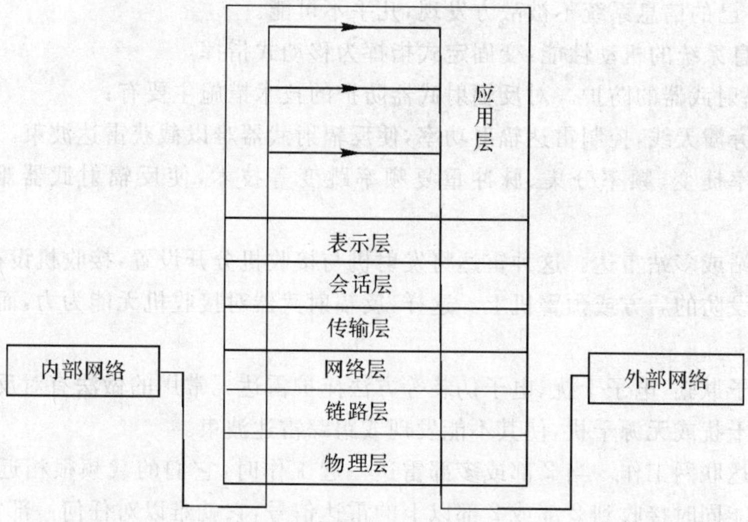

图 3.2 应用网关技术示意图

(3)代理服务(Proxy Service)。代理服务是针对数据包过滤技术和应用网关技术的以上缺点而引入的防火墙技术,其特点是将所有跨越防火墙的网络通信链路分为两段,防火墙内外计算机系统间应用层的“链接”,可由两个终端代理服务器上的“链接”来实现,外部的计算机的网络链路只能到达代理服务器,从而起到防火墙内外计算机系统的隔离作用。

3.5 反 摧 毁

在战争过程中,仅仅采用电子干扰手段等信息进攻手段往往还不足以完全夺取信息优势。因此,在信息战中,必将越来越多地运用硬杀伤的方法来破坏或摧毁敌方的各类军用电子设备,这种硬杀伤彻底破坏了电子设备,对战场电子设备的运用造成了巨大威胁。为了保持各类信息设备的正常使用,反摧毁是十分重要的。

目前战场上实施电子设备摧毁主要有两种：一种是常规火力摧毁；另一种是反辐射武器摧毁，这些反辐射武器包括反辐射导弹和反辐射无人机。

1. 反摧毁的基本指导思想

(1)采取各种反侦察手段，诸如隐身、伪装、诱饵、假目标、干扰等方法隐蔽己方电子设备，使敌方难以发现目标。

(2)采用战术和技术措施，尤其像规避、诱饵、假目标等，使敌方难以瞄准目标，特别是削弱或破坏精确制导武器的导引头。

(3)对军用电子设备加强防护、加固。

(4)战场机动，灵活配置，提高重组能力，加强火力掩护和封锁。

2. 反摧毁的具体措施和途径

(1)反敌方常规火力摧毁己方信息系统的措施。从技术与战术相结合的角度来看，反敌方常规火力摧毁的主要措施有：

1)巧妙迷惑敌人，隐蔽配置信息系统。

2)实现装甲化、地下化，增强信息系统的抗毁能力，在敌方拥有大量先进侦察技术手段的情况下，要使自己的信息系统不被敌方发现，几乎不可能。

3)提高信息系统的机动性能，变固定式指挥为移动式指挥。

(2)对反辐射武器的防护。对反辐射武器防护的技术措施主要有：

1)采用低旁瓣天线，控制雷达辐射功率，使反辐射武器难以截获雷达波束。

2)采用频率捷变、频率分集、脉冲重复频率跳变等技术，使反辐射武器难以识别、跟踪雷达。

3)发展双站或多站雷达。这种雷达将发射机与接收机分开设置，接收机设在战区前沿，发射机设在严密设防的后方或预警机上。这样，反辐射武器对接收机无能为力，而对发射机又难以接近。

4)采用电子欺骗、电子干扰、电子伪装等方法掩护雷达。常用的做法有对反辐射武器的导引头进行有源干扰或无源干扰，使其不能发现或跟踪雷达波束。

5)多部雷达联网工作。当2部或多部雷达一起工作时，它们的载频很相近。如果反辐射武器的导引头能同时接收到2部或2部以上的雷达信号，它就难以对任何一部雷达实施跟踪。

(3)对反辐射武器防护的战术措施。对反辐射武器防护的战术措施主要有：

1)提高操作人员的技术水平，提高观测的熟练程度、判断能力和机智灵活处置情况的能力，能及时、准确地发现反辐射武器的发射，并迅速采取对抗措施。

2)在保证获得必要数据的条件下缩短开机时间。

3)在雷达站配置上，站间保持适当距离，便于机动转移阵地，发现敌方发射反辐射武器时，则用两个或多个同频雷达协同配合，交互开机、关机，使反辐射导弹的导引头不能跟踪任何一部雷达。

4)利用地形地物合理配置雷达，构筑工事，提高抗毁能力。

为了提高对反辐射武器的防护能力，在实战中，一般是综合采用几种战术和技术措施来对抗反辐射武器。

3.6 信息安全保密措施

3.6.1 加密

利用密码技术对信息进行伪装,使无关人员理解不了信息的真正含义,只有相关人员才能明白其中的意义。即使当信息被窃取或被泄漏时,也难以被获取者所识别,由此达到保证信息安全的目的。

加密技术的核心是密码。密码是按约定法则对信息进行明、密变换的手段。密码技术包括:明文、密文、算法和密钥四个关键要素。明文就是未经加密的原始信息;密文就是明文变换后的信息,即加密后的信息;算法是明文与密文之间的变换法则,由一些公式、法则、运算关系构成;密钥是用来控制算法实现的关键信息,可以视作算法中的可变参数。

配置雷达诱饵系统,即设置假雷达,其主要信号参数与工作方式和雷达相同,配备在距雷达阵地一定的距离范围内,这样可使反辐射武器的导引头难以区分真伪,当雷达紧急关机时,可能打中假雷达。

3.6.2 鉴别

信息鉴别,就是对系统或网络中信息交换的合法性、有效性和交换信息的真实性进行证实。

信息鉴别是防止对信息进行有意修改等主动攻击和干扰的重要手段,是保证信息安全的一项重要措施。

信息鉴别一般包括报文鉴别、身份鉴别和数字签名3种类型。

1. 报文鉴别

报文鉴别就是通过对所接收信息的内容、来源和时间进行验证判别,以保证接收信息的真实性,防止虚假信息的入侵和污染。

报文鉴别的主要方法有以下3种:

(1)报文内容鉴别。信息收、发双方事先约定一种加密方法,信息发送方在发送信息时加入一个可供接收方检验的加密鉴别码,接收方收到信息后对加密文进行解密,然后对鉴别码进行比较,如相同则内容正确,如不同则说明信息在传输过程中已被修改。

(2)报文源(发文)鉴别。一种措施是通信双方事先约定好一个发送报文的数据加密密钥,只要接收者能用此密钥对报文进行解密,即可认定其来自约定的发送方;另一种措施是通信双方事先约定好各自所使用的发送报文的通行字,发送的报文中包含有此通行字并进行加密,接收方只需判定报文中含有此通行字,就可证实报文来自约定的发送方。

(3)报文时间性鉴别。其主要是验证报文是否是以发送方传送的时间顺序接收的。

2. 身份鉴别

允许用户进入计算机系统之前,对其身份进行鉴别,确保真正的用户进入规定的系统,是保证信息安全的重要手段。

身份鉴别包括识别和验证,识别在于确认是谁在进入系统,而验证是对进入者进行真假身份鉴别。

身份鉴别主要采用两种方法：一是口令鉴别，即通过比较用户输入的口令与系统内部的口令来鉴别身份，简单实用，但安全性较差；二是磁卡鉴别，即通过验证人的指纹、视网膜、语音或笔迹等生物特征来鉴别身份，安全性最高，难度也最大，目前只在特定场合使用。

3. 数字签名

数字签名实际上是密码技术在身份鉴别上的一种应用。在信息的使用和管理过程中，仅仅使用上述的报文鉴别和身份鉴别方法，仍然难以确保不出现漏洞，有时还需要采用数字机制，以提高鉴别能力。

习　题

1. 谈谈你对信息对抗的认识。
2. 说出 3 种信息对抗技术的原理和作用。
3. 什么是瞄准式干扰？什么是拦截式干扰？各有何特点？
4. 从干扰的角度看，对付跟踪雷达的最好的方法是什么？
5. 什么是电子欺骗？为什么说电子欺骗更具破坏性？
6. 主动性网络攻击和被动性网络攻击的含义是什么？各有哪些攻击方法？
7. 信息系统防护的重点有哪些？有哪些措施？
8. 雷达反干扰的技术与战术措施有哪些？
9. 通信反干扰的技术与战术措施有哪些？
10. 光电反干扰的技术与战术措施有哪些？
11. 谈谈反计算机病毒的主要技术。
12. 谈谈防火墙的基本概念、技术类别。
13. 反摧毁的具体措施和途径有哪些？

第4章 雷达对抗技术

4.1 雷达对抗的含义及重要性

雷达对抗是一切从敌方雷达及其武器系统获取信息(雷达侦察),破坏或扰乱敌方雷达及其武器系统的正常工作(雷达干扰和雷达攻击)的战术、技术措施的总称。

雷达对抗是取得军事优势的重要手段和保证,在现代战争中的地位举足轻重。

在各种现代武器系统中,雷达仍然是信息获取和精确制导领域中最重要的装备。特别是在广大的作战地域内,及时、准确、全面地获取各种目标信息,雷达的作用是不可取代的。现代战场上,对每一种武器系统和军事目标(包括作战人员)的直接威胁,主要来自于精确攻击武器。这里的精确是一个相对的概念,是指精确到武器的有效杀伤范围之内。而攻击武器的精度性能主要是依靠一系列的雷达和电子设备来保障的。破坏了雷达的正常工作,也就破坏了整个武器系统的重要信息来源,很可能使其成为“聋子”“瞎子”。这对于取得军事优势,无疑是十分重要的。雷达对抗是每一种武器系统和军事目标生存与发展必不可少的自卫武器。

现代战争和未来战争是一场在高科技支持下的高度信息化的战争,从荷枪实弹的每一个士兵到整个战场的指挥控制,每一个作战单元都是依靠详尽的作战信息而紧密联系在一起的。雷达和雷达对抗技术作为其中信息来源的重要支柱,无疑具有广阔的发展前景。

4.2 雷达对抗的基本原理及主要技术特点

雷达对抗是与雷达紧密联系在一起的。雷达为了获取目标信息,必须首先将高功率的电磁波能量照射到目标上;由于目标的电磁散射特性,将对照射能量产生相应的调制和散射;雷达接收到目标调制后的一部分微弱的散射信号,再根据收发信号的调制的相对关系,解调出目标信息。

雷达对抗的基本原理如图4.1所示。雷达对抗设备中的侦察设备接收雷达发射的直达信号,测量该雷达的方向、频率和其他调制参数,然后根据已经掌握的雷达信号先验信息和先验知识,判断该雷达的功能、工作状态和威胁程度等,并将各种信号处理的结果提供给干扰机和其他有关设备。由此可见,实现雷达侦察的基本条件是:①雷达向空间发射信号;②侦察接收机收到足够强的雷达信号;③雷达信号的调制方式和调制参数位于侦察机信号检测的能力和范围之内。

根据雷达对目标信息的检测过程,对雷达干扰的基本方法包括:①破坏雷达探测目标的电波传播路径;②产生干扰信号进入雷达接收机,破坏或扰乱雷达对目标信息的正确检测;③减小目标的雷达截面,以增加雷达发现目标的难度等。

雷达对抗的主要技术特点:

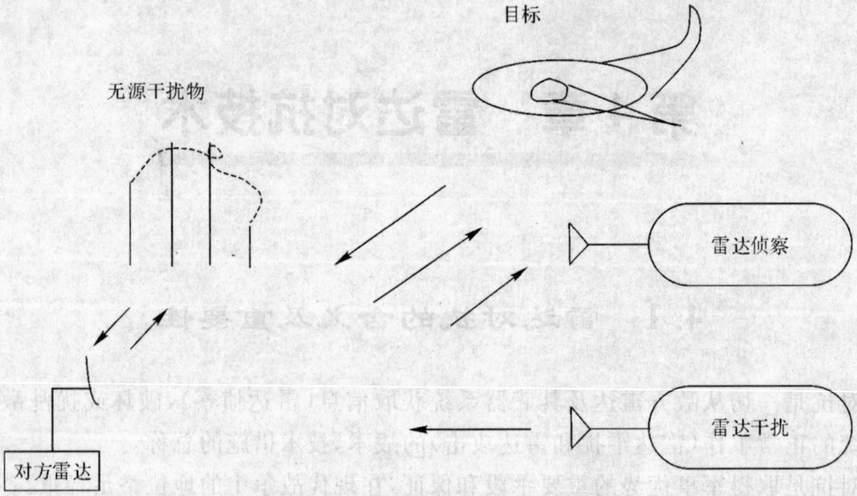

图 4.1 雷达对抗的基本原理示意图

(1)宽频带、大视场。雷达对抗要能够作用于广阔地域内各种工作频率的雷达,对抗具有众多威胁雷达的信号环境。因此,雷达对抗设备的工作视场往往是半空域或全空域,工作带宽往往是倍频程或多倍频程的。

(2)瞬时信号检测、测量及高速信号处理。由于雷达信号大多为射频脉冲,因而持续时间很短。雷达侦察设备预先并不知道雷达信号的调制特性、到达时间和空间等,在信号严重失配的情况下,对于射频脉冲信号的截获、测量等都必须在短暂的脉冲期间内完成。

4.3 雷达对抗的信号环境

雷达对抗的信号环境 S 是指雷达设备在其所在地域内存在的各种辐射、散射信号的全体,即

$$S=\bigcup_{i=0}^{N-1} s_i(t) \tag{4.1}$$

式中,N 为信号环境 S 中辐射、散射的数量; $s_i(t)$ 为其中第 i 个辐射、散射源的信号。

一般情况下现代雷达对抗信号环境具有以下特点:辐射源的数量多、分布密度大、分布范围宽、信号交叠严重等。

由于雷达的广泛应用,许多作战飞机、舰艇、战车和作战单位都配有一定数量的雷达,分布范围很大。特别是在重要的军事集结地,雷达分布十分密集,N 的数值往往为数十、数百甚至上千。在单位时间内出现的脉冲信号平均数少则数万,多则数百万,在同一时间可能有多个信号同时出现(交叠)。现代雷达信号具有下述特点:

(1)信号调制复杂,参数多变、快变。雷达通过信号调制波形和参数的选择与变化,可以获得诸多目标信息的检测和抗干扰等方面的利益。随着信号产生技术和处理技术的发展,一部雷达可能产生多种不同调制特性的波形,特别是在脉冲持续时间内的频率和相位调制;此外,出于反侦察、抗干扰等的需要,许多雷达都可以改变发射信号的载频、脉冲重频、脉冲波形或其他调制参数;这种变化的时间可能是数秒、数十毫秒。甚至到每个发射脉冲都发生捷变。

(2)信号综合威胁程度高。现代雷达与各种杀伤性武器系统的结合十分严密,如制导雷达、炮瞄雷达等,都直接威胁到雷达对抗设备和人员的生存。由于受到杀伤性武器系统威力范围的限制,这些雷达往往在目标尚未进入攻击范围时保持电磁沉默(不发射),由其他探测设备提供保障,一旦目标进入攻击范围则立即投入工作,迅速捕获目标,引导武器攻击。

现在介绍信号环境在雷达对抗设备中的描述和参数。

信号环境 S 是由 N 个辐射源和散射源组成的。如果主要考虑其中的雷达信号辐射源,则辐射源信号 $s_i(t)$ 可顺序展开其射频脉冲序列为

$$s_i(t)=\{s_i(n)\}_{n=1}^{\infty} \tag{4.2}$$

式中,$s_i(n)$ 为 $s_i(t)$ 的第 n 个脉冲。

雷达对抗设备是以 S 为工作背景,从 S 中获取有用信息,并对 S 作出适当反应的设备。根据不同用途和战技指标的要求,具体雷达对抗设备对 S 的检测能力是一有限子空间 D,则

$$D=\{\Omega_{\mathrm{RF}}\otimes\Omega_{\mathrm{AOA}}\otimes\Omega_{\mathrm{PW}}\otimes\Omega_P\} \tag{4.3}$$

式中,Ω_{RF},Ω_{AOA},Ω_{PW},Ω_P 分别为雷达对抗设备对信号载频、到达方向、脉冲宽度和信号功率的检测范围,$\otimes$为直积符号。D 可以是非时变的(通常称为非搜索检测),也可以是时变的(通常称为搜索检测)。雷达对抗设备可检测的信号环境 S' 是 S 中的子集合,有

$$S'=\bigcup_{i=0}^{N-1}\{s_i(n)\mid s_i(n)\in D\}_{n=1}^{\infty} \tag{4.4}$$

显然,D 的检测范围越大,则进入 S' 的雷达信号也越多。如果以 P_i 表示 i 雷达发射脉冲可被雷达对抗设备检测的概率,则在1 s内 S' 中的平均脉冲数 λ 为

$$\lambda=\sum_{i=0}^{N-1}P_i f_{ri} \tag{4.5}$$

式中,f_{ri} 为第 i 部雷达的平均脉冲重复频率。在典型情况下,如果 i 雷达的工作频率、所在方向、脉冲宽度都在雷达对抗设备的检测范围内,只要其天线波束指向雷达对抗设备,接收到的信号功率就能高于接收机灵敏度,则

$$P_i=\begin{cases}0, & \text{波束始终不指向雷达对抗设备}\\ 1, & \text{波束始终指向雷达对抗设备}\\ \dfrac{\theta_a}{\Omega_\theta}, & \theta_a\text{ 为波速宽度},\Omega_\theta\text{ 为扫描范围}\end{cases} \tag{4.6}$$

S' 是 N 个具有周期特性的脉冲信号 $\{s_i(n)\}_{n=1}^{\infty}{}_{i=0}^{N-1}$ 按照式(4.4)条件的合成。当 N 的数值很大时,由于各信号序列的到达时间是相互独立的,在一定时间内近似满足统计平稳性和无后效性,根据随机过程理论,S 可以采用泊松(Poisson)流近似描述。

在时间 τ 内到达 n 个脉冲的概率为

$$P_n(\tau)=\frac{(\lambda\tau)^n}{n!}\mathrm{e}^{-\lambda\tau}\quad \tau\geqslant 0;n=0,1,\cdots \tag{4.7}$$

在 τ 时间内到达脉冲的平均值(均值)为

$$\sum_{n=0}^{\infty}P_n(\tau)=\lambda\tau \tag{4.8}$$

式中,λ 为单位时间内到达脉冲的平均值,也称为 S' 的信号密度。

4.4 雷达侦察概述

4.4.1 雷达侦察的任务与分类

雷达侦察的目的就是从敌方雷达发射的信号中检测有用的信号，并且与其他手段获取的信息综合在一起，引导我方作出及时、准确、有效的反应。

按照侦察的具体任务，雷达侦察主要分为以下5类：电子情报侦察（ELINT）、电子支援侦察（ESM）、雷达寻的和告警（RHAW）、引导干扰、引导杀伤武器。

4.4.2 雷达侦察的技术特点

（1）作用距离远、预警时间长。雷达接收的是目标对照射信号的二次反射波，能量反比于距离的四次方；雷达侦察接收的是雷达的直接照射波，能量反比于距离的二次方。因此，侦察机的作用距离都大于雷达的作用距离，一般在1.5倍以上，从而使侦察机可以提供比雷达更长的预警时间。

（2）隐蔽性好。向外界产生的信号辐射，容易被敌方的信号侦察设备截获，不仅可能造成信息的泄漏，甚至可能招来致命的攻击。辐射信号越强越容易被发现，也就越危险。从原理上说，雷达侦察只接收外界的辐射信号，因此具有良好的隐蔽性和安全性。

（3）获取的信息多而准。雷达侦察所获取的信息直接来源于雷达的发射信号，受其他环节的“污染”少，信噪比高，因此信息的准确性高。雷达信号的细微特征分析技术，能够分析同型号不同雷达信号特征的微小差别，建立雷达“指纹库”。雷达本身的宽频带、大视场特点又广开了信息的来源，使雷达侦察的信息非常丰富。雷达侦察也有一定的局限性，如：情报获取依赖于雷达的发射，单侦察站不能准确测距等。因此，完整的情报保障系统仍然需要有源、无源多种技术手段配合，取长补短，才能更有效地发挥作用。

4.4.3 侦察接收机体制及特点

为了较好地实现对雷达的侦察，人们研制了多种不同体制的侦察接收机，以适应不同的需要。现有雷达信号侦察接收机主要有瞬时测频接收机、超外差接收机、数字接收机等。下面简单介绍不同体制接收机。

1. 瞬时测频接收机

瞬时测频接收机是将输入信号分解成2个或2个以上长度不等的信道，以便产生与频率成正比的相位差。这些通道能够同时覆盖很宽的射频带宽，频率分辨率很高，且不需要频谱扫描。但是这种接收机的灵敏度比较低，而且当存在同时到达的信号的情况下会产生测频错误。

2. 超外差接收机

超外差接收机是以非线性的方式将接收到的射频信号与本振输出的信号进行混频，所产生的中频信号的调制方式与输入信号的相同，可以保留信号的大部分信息，从中可以恢复出信号的脉宽调制信息。由于接收机的带宽较窄，可以获得较高的频率分辨率和很高的灵敏度。但是为了覆盖整个侦察频段，必须采用扫描的方式，所以超外差接收机不可能达到100%的截获概率。为了提高接收机的截获概率必须为本振选择一种好的扫描方式。常用的扫描方式有快可靠扫描、慢扫描和随机扫描等几种方式。这种接收机的缺点是固有的响应时间较慢，可以通过采用宽带本地振荡器来解决。

3. 数字接收机

数字接收机就是采用数字信号处理技术的接收机。一般采用直接数字化、结构性混频、直接下变频道基带和超外差四种方式。采用数字信号处理技术，除了可以大大提高接收机的数字信号处理能力以及使接收机更小型化以外，还可以提高接收机在解调和检测信号时的可靠性和可重复性。在模拟接收机中每一部接收机的输出都可能不同，即使是同一接收机，也可能会由于时间不同、温度不一样以及校调不一致而有不同的输出信号。一般的模拟接收机都含有射频(RF)级、频率合成器、中频放大器和模拟解调器等，不仅存在身频干扰问题，而且很难缩小体积，减轻重量和降低成本。数字信号处理接收机完全克服了模拟接收机的上述不足，不但具有更好的总体性能和性能价格比，而且其组成更加灵活。数字接收机采用硬件和软件两种方法，接口能力更强，可根据未来不断增长的对接收机功能和性能的要求而定。

第5章　雷达无源对抗技术

5.1　雷达无源对抗的技术手段

雷达无源对抗是指利用本身不产生射频电磁辐射的干扰材料、器材，根据己方军事目标所处的威胁环境、自然环境和自身状态，预先或采用控制投放设备，适时地将干扰材料、器材布设到敌雷达电磁波传播空间中，对雷达电磁波造成散射或吸收，改变目标电磁散射特性，形成虚假目标回波等，从而破坏或削弱敌雷达探测目标能力的一切军事行动。

常用的雷达无源对抗技术手段包括以下 4 种：

(1)箔条产生干扰回波遮盖目标或破坏雷达对目标的跟踪。

(2)反射器以强回波形成假目标或改变地形地物的雷达图像进行反雷达伪装。

(3)假目标、雷达诱饵假目标主要对付警戒雷达，大量假目标可使雷达目标分配系统饱和；雷达诱饵主要对付跟踪雷达，使雷达不能跟踪真目标。

(4)隐身技术减小目标的二次辐射，使雷达难于发现目标。

5.2　雷达无源对抗的特点

雷达无源对抗具有以下特点：

(1)适应性强。雷达无源对抗具有同时干扰不同方向、不同频段多部雷达的能力。

(2)使用方便、干扰可靠、效果明显。雷达无源对抗设备适用于装备各种作战平台，可根据作战要求、环境、保护目标等因素，灵活采用各种方式投放、布设干扰材料、器材。

(3)技术简捷，易于大量生产装备。

5.3　雷达无源对抗系统的分类

雷达无源对抗系统指主要以雷达无源干扰物、器材为作战手段的各种装备。

常见的雷达无源对抗系统有机载箔条和红外干扰弹投放设备、舰载诱饵发射系统、陆基箔条发射系统等。

5.3.1　机载雷达无源对抗系统

机载雷达无源对抗系统可分为两个系列——机载自卫系列雷达无源对抗设备和机载掩护系列雷达无源对抗设备。

机载箔条和红外干扰弹投放设备属于机载自卫系列雷达无源对抗设备，用于载机平台自身防护，主要作战任务是投放箔条干扰弹，形成雷达诱饵，对抗跟踪本机的雷达制导导弹。

机载掩护系列雷达无源对抗设备主要包括大容量内装式箔条干扰设备和大容量箔条干扰吊舱等，主要用于布撒箔条干扰走廊，掩护其他飞机突防。

1. 机载自卫系列雷达无源对抗设备

机载箔条和红外干扰弹投放设备是种类最多、装备量最大的一类电子对抗设备。一般组成包括显示控制盒、程序器、顺序器、发射器和箔条干扰弹等，有些设备还可以放一次性使用的雷达有源干扰机。

机载自卫系列雷达无源对抗设备组成如图 5.1 所示。

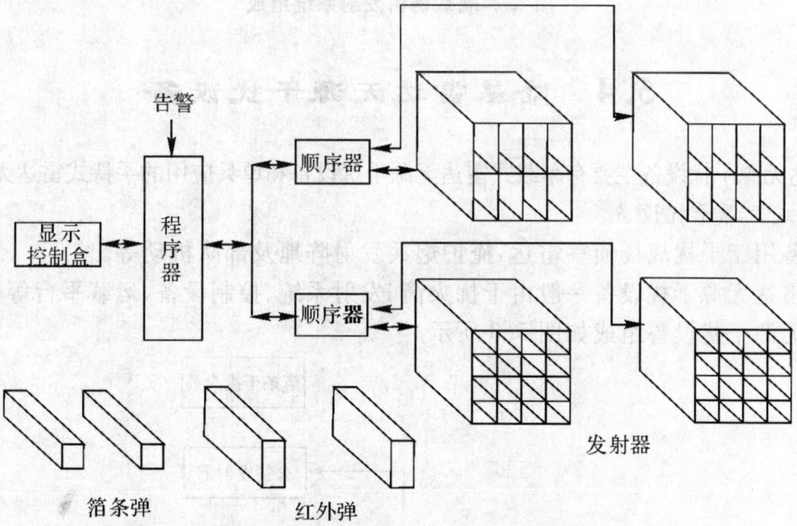

图 5.1　机载自卫系列雷达无源对抗设备

最新的机载箔条和红外干扰弹投放设备技术发展突出体现在以下两个方面：

(1)采用最新电子技术。

(2)战术应用人工智能化。

2. 机载掩护系列雷达无源对抗设备

机载掩护系列雷达无源对抗设备用于大面积布撒箔条干扰走廊。多数设备直接投放预先切割好的不同长度的箔条，以覆盖足够宽的雷达波段；另一类设备则是根据雷达告警设备侦察到的雷达工作波长，将很长的箔条束实时地切割成要求的长度，投放出去，干扰相应的雷达。

5.3.2　舰载雷达无源对抗系统

舰载雷达无源对抗系统主要是指以箔条干扰弹为主要武器、一般兼有发射红外干扰弹以及其他干扰弹能力的舰载诱饵发射系统，另外还包括舰用假目标系统等。

舰载诱饵发射系统由控制设备、发射装置、干扰弹 3 个部分组成。

舰载诱饵发射系统组成如图 5.2 所示。

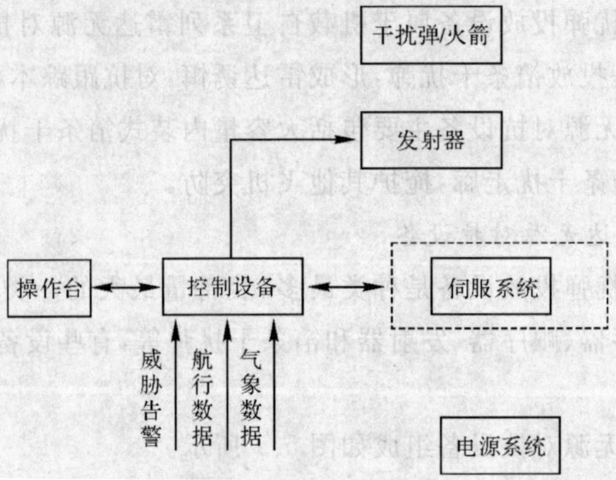

图 5.2 舰载诱饵发射系统组成

5.4 陆基雷达无源干扰设备

陆基雷达无源干扰设备主要有车载式雷达无源干扰设备和单兵应用的手持式雷达无源干扰火箭。

1. 车载式无源干扰设备

这种设备用于干扰战场侦察雷达，掩护炮兵发射阵地及部队机动等。

车载式雷达无源干扰设备一般由干扰火箭、发射系统、控制设备、运载平台等部分组成。

车载式无源干扰设备组成如图 5.3 所示。

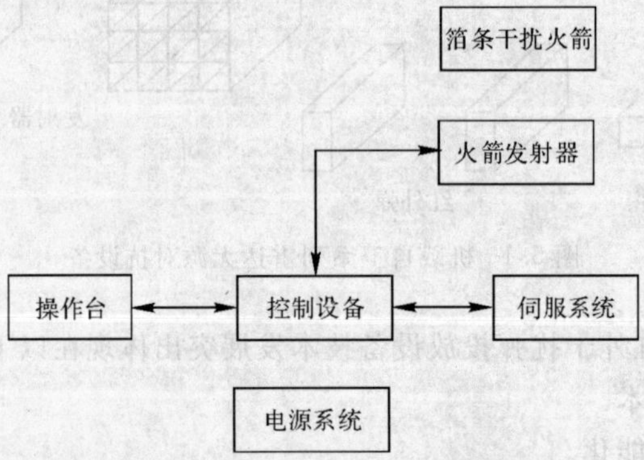

图 5.3 车载式无源干扰设备组成原理

2. 手持式雷达无源干扰火箭

这是一种以箔条包为战斗部的小型火箭，其机动灵活，已作为多种用途的单兵装备。

手持式雷达无源干扰火箭结构如图 5.4 所示。

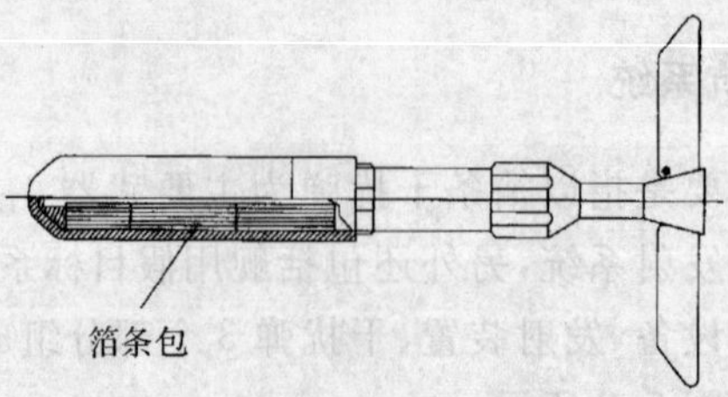

图 5.4 手持式雷达无源干扰火箭示意图

5.5 雷达无源干扰物

雷达无源干扰物是雷达无源对抗的物质基础，对雷达的无源对抗都是通过无源干扰物实现的。

常用的雷达无源干扰物有箔条、反射器、雷达隐身材料等几种。

5.5.1 箔条

箔条是用于雷达干扰的、具有一定几何尺寸的金属或介质表面涂镀金属层的细丝和片状体的总称。

箔条是雷达无源干扰的最主要干扰材料，最早用于电子战。

箔条分为半波长箔条和箔片。

(1)半波长箔条。处于电磁场中的导体会对电磁波产生散射，当导体的长度是电磁波波长一半的整数倍时，导体对电磁波的散射最强，所以常用半波长箔条。

(2)箔片。箔片是几何尺寸远大于波长的金属片。常用的是铝箔片。箔片对雷达的作用机理与半波长箔条不同，半波长箔条对电磁波谐振散射，而箔片主要是反射。

5.5.2 箔条的军事应用

箔条的军事应用主要分两类。

(1)衰减电磁波。在空中大范围(宽数千米，长数百千米)布撒箔条，形成箔条干扰走廊，掩护后续机群突防。

(2)形成局部电磁散射体。在空中、海上或地面投放发射箔条，形成假目标或雷达诱饵。

5.5.3 雷达反射体

雷达反射体是能够产生强烈雷达反射回波的一类雷达无源干扰物，包括角反射器、龙伯透镜反射器、万-阿塔反射器、双锥反射器、介质干扰杆、雷达反射气球等。

1. 角反射器

角反射器由三个互相垂直相交的金属平板构成。

按组成角反射器平板的形状可分为三角形角反射器、圆形角反射器和方形角反射器。

角反射器形状示意图如图5.5所示。

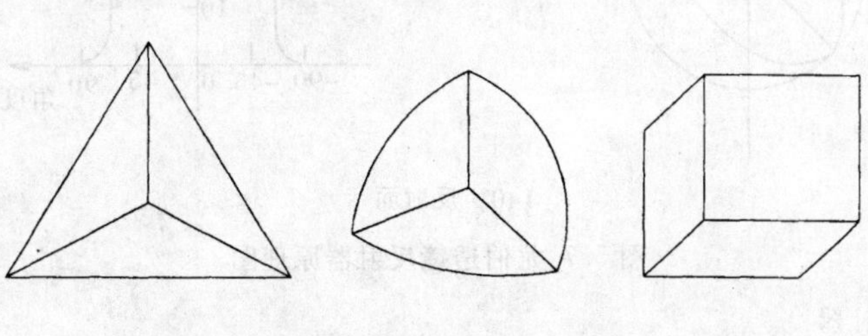

图5.5 角反射器形状示意图

角反射器具有在较大角度范围内，将入射电磁波经3次反射，按原方向反射回去的特性。

角反射器发射原理图如图5.6所示。

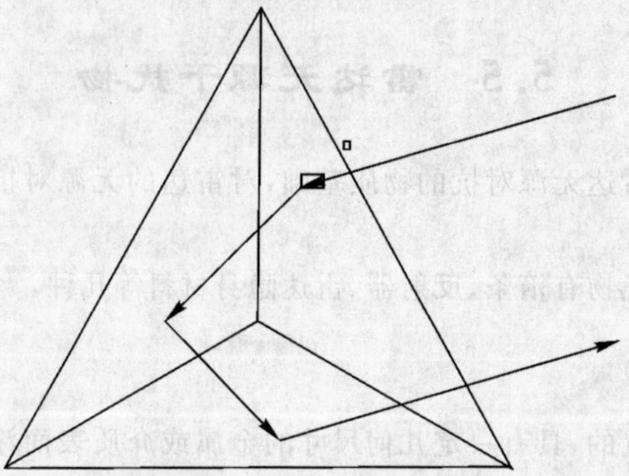

图 5.6 角反射器发射原理图

2. 龙伯透镜反射器

龙伯透镜可以把在外径上的一个点辐射源变为平面波辐射出去，或把透镜所截获的入射平面波聚为一点。

龙伯透镜反射器原理图如图 5.7 所示。

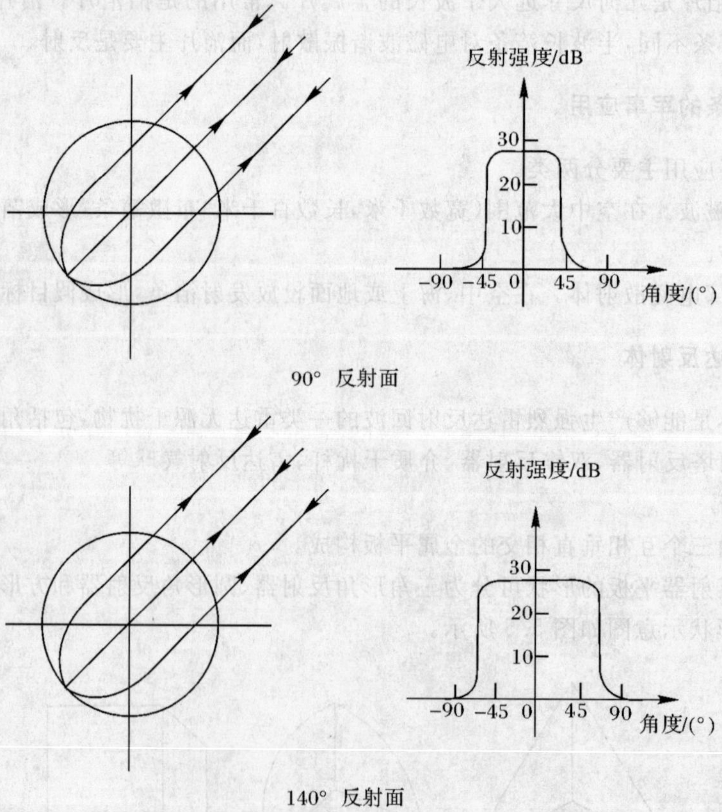

图 5.7 龙伯透镜反射器原理图

3. 万-阿塔反射器

万-阿塔反射器是一种无源天线阵列，亦称转发阵天线。其原理是把大量的两两对称的天线单元，用等电长度传输线连接组成的天线阵列，在某天线单元接收到信号后，经传输线传输，再从相连的天线单元辐射出去，其转发方向图的最大值的方向与电波到来的方向一致，对电磁波的聚束能力类似于角反射器。为了增大阵天线的转发信号强度，可在每个通道中增加射频放大器，变成有源万-阿塔反射器。

万-阿塔反射器原理图如图 5.8 所示。

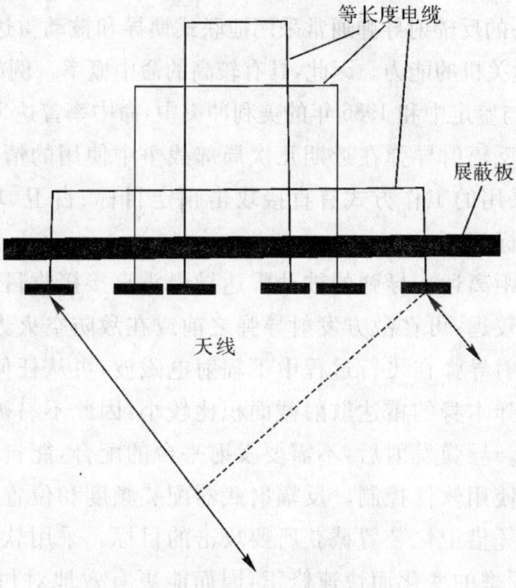

图 5.8 万-阿塔反射器原理图

5.6　雷达无源对抗的发展趋势

雷达无源对抗系统朝着自适应、智能化和系统综合化方向发展。

发展在射频及运动特性等多方面拟真性能好的假目标和诱饵干扰器材。

发展对付微波、毫米波制导导弹威胁的一次性使用的复合型灵巧假目标和诱饵干扰器材。

不断提高干扰物和干扰器材性能，开发新型干扰物和干扰器材。

发展新的雷达无源对抗手段。等离子体是一种有效的电磁波吸收媒质，人工制造等离子体空间前景诱人。

毫米波探测和制导技术近年来发展迅速，为了对付毫米波雷达和毫米波制导威胁，发展毫米波雷达无源对抗手段势在必行。

5.7　反辐射攻击技术

反辐射攻击是利用反辐射武器系统截获和跟踪敌防空体系中的雷达等电磁辐射信号而直接将其摧毁的战术技术行动。

5.7.1　反辐射武器的主要技术特点

(1)工作频段宽。现代防空雷达的工作频段范围很宽，已能覆盖米波段至毫米波段，并具有灵活的频率捷变能力，因此反辐射武器的导引头也必须具有较宽的频率覆盖范围。例如，美国的“哈姆”反辐射导弹的导引头的频率覆盖范围为 0.8～20 GHz，能对付 97%以上的苏联防空雷达；美国正在试验的“默虹”反辐射无人机的频率覆盖范围为 2～35 GHz；英国的“阿拉姆”反辐射导弹的频率覆盖范围为 2～20 GHz。

(2)命中率高。现装备的反辐射导弹通常采用捷联式惯导和被动雷达寻的，能对付脉冲雷达和连续波雷达，并具有抗雷达关机的能力。因此，具有较高的命中概率。例如，美国的 AGM—88A“哈姆”导弹在 1985 年的试验与鉴定中和 1986 年的美利冲突中，命中率曾达 100%。

(3)工作方式多。从反辐射导弹在近期几次局部战争中使用的情况来看，反辐射导弹的作战方式灵活多变。通常采用的工作方式有直接攻击预定目标、自卫、攻击随机目标、诱惑引导战术、为突防飞机指示目标等。

(4)导引头发现目标距离远。导弹的被动雷达导引头直接接收目标雷达辐射的信号，信号强度较强，因此作用距离较远，可在敌方发射导弹之前或在敌防空火力范围之外实施攻击。

(5)隐蔽性好。反辐射导弹在飞行过程中不辐射电磁波，可从任何角度和方位对雷达目标进行攻击，同时反辐射导弹本身的雷达散射截面积比较小，因此不易被敌方雷达发现。

(6)独立作战能力强。导弹发射后，不需要发射平台的配合，能自动寻找和攻击雷达目标。

(7)配备记忆装置并使用软件控制。反辐射武器配装频度和位置记忆装置后，即使出现暂时丢失目标的现象，仍能凭借记忆装置截获所要攻击的目标。采用软件程控攻击目标，其攻击程序可随敌方雷达工作频率的变化而快速修正，因而能更有效地对付具有频率捷变能力的雷达系统。美国的“哈姆”AGM—88 反辐射导弹采用电可擦可编程只读存储器插件，成本低，装备简单，存入存储器的作战指令可随威胁能力或战术的变化而改变。

5.7.2 反辐射攻击武器的分类

反辐射攻击武器可分为反辐射炸弹攻击系统、反辐射导弹攻击系统、反辐射无人机攻击系统。具体分类如图 5.9 所示。

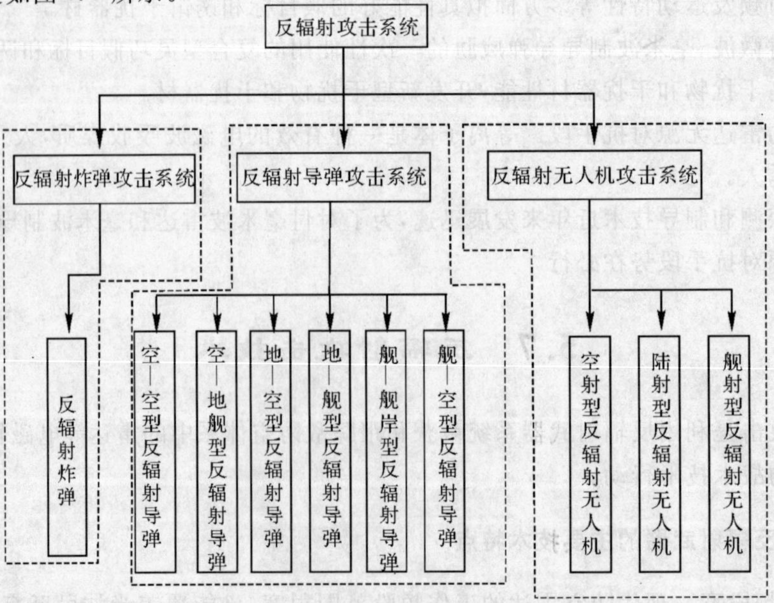

图 5.9 反辐射攻击武器的分类

5.8　综合雷达对抗技术

综合雷达对抗是综合使用雷达侦察、雷达干扰和反辐射攻击等手段对敌方探测预警网和拦截打击网中的雷达实施全方位、多层次、多手段的电子侦察和软、硬杀伤，以全面瘫痪敌方探测预警网和拦截打击网，使敌方无法组织有效的进攻或防御。

综合雷达对抗技术包括综合雷达对抗侦察、综合雷达干扰、综合雷达攻击和综合雷达对抗控制 4 个方面。

1. 综合雷达侦察

综合雷达侦察是由雷达侦察卫星、雷达侦察飞机、雷达侦察船、雷达侦察站组成的综合侦察系统。

综合雷达侦察组成示意图如图 5.10 所示。

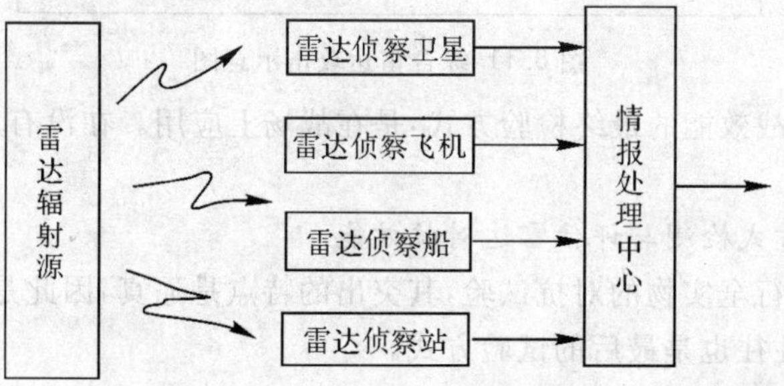

图 5.10　综合雷达侦察组成

2. 综合雷达干扰

综合雷达干扰是综合应用多种雷达干扰措施，对敌方雷达设备进行干扰压制。

3. 综合雷达攻击

综合雷达攻击是综合应用多种雷达干扰措施和反辐射攻击的手段，构成软杀伤与硬摧毁相结合的多模式、多手段雷达电子进攻力量，对敌方雷达探测系统和武器控制与制导系统实施强有力的电子压制干扰和反辐射攻击，以瘫痪敌方预警探测网和拦截打击系统，从而在整体上瓦解敌方整个攻防系统的协调作战能力，降低敌方制导武器的攻击效率。

综合雷达攻击示意图如图 5.11 所示。

4. 综合雷达对抗指挥控制

综合雷达对抗指挥控制用于协调各种雷达对抗平台（如电子干扰飞机、反辐射导弹攻击飞机、箔条投放飞机、电子干扰无人机和分布式干扰机等），在适当的时间、地点进行干扰活动，以保证电子干扰与部队战术行动密切协同，并防止干扰或摧毁己方雷达。

5.9　雷达对抗效能的检测和评估技术

所谓雷达对抗效能，是指雷达对抗技术和装备在与雷达进行对抗中的能力，包括侦察能力、干扰能力以及系统响应能力等。

对雷达对抗效能的检测，就是检测雷达对抗装备在规定的环境中，执行规定任务的能力，即能否达到预期的侦察干扰效果以及能达到的程度。

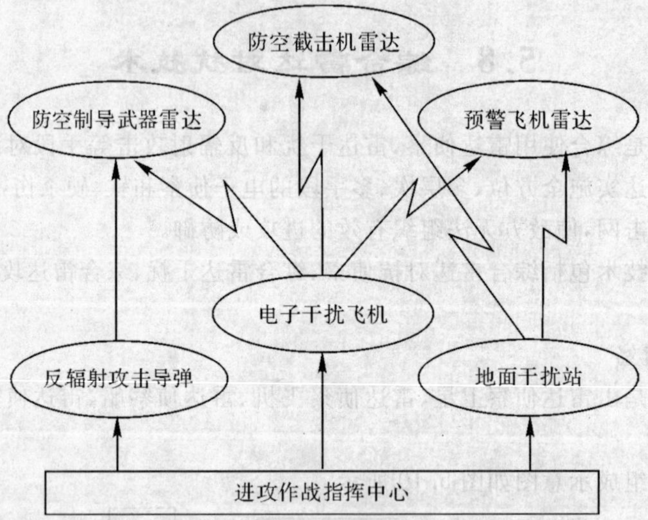

图 5.11 综合雷达攻击示意图

雷达对抗装备作战效能的最终检验方式，是在战场上应用。在没有发生战争的情况下，使用的是仿真试验方法。

1. 用物理仿真方式检测与评估雷达对抗效能

利用真实雷达进行全实物的对抗试验，其突出的特点是逼真，因此是对雷达对抗设备进行评估试验的有效的、往往也是最后的试验方式。

2. 雷达对抗效能半实物评估系统

半实物物理仿真的特点是参加试验的被检测设备是实际设备，而检测环境是利用仿真技术模拟生成的。

比如，对雷达侦察设备性能的检测，使用的是仿真系统生成的模拟战场电磁环境；对雷达干扰设备性能的检测则是利用雷达模拟器接收被测干扰设备生成的干扰信号，检测干扰效果。

雷达对抗效能半实物评估系统组成如图 5.12 所示。

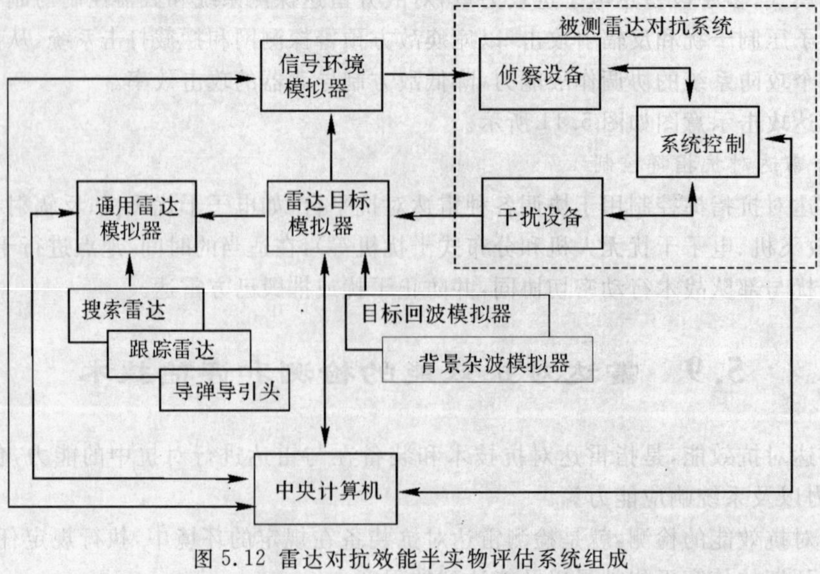

图 5.12 雷达对抗效能半实物评估系统组成

3. 用计算机仿真检测与评估雷达对抗效能

(1)雷达对抗系统效能的仿真与评估。雷达对抗的效能包括电子侦察与电子支援系统的效能，侦察和干扰组成的综合对抗系统的效能。

雷达对抗系统效能的仿真与评估系统结构如图 5.13 所示。

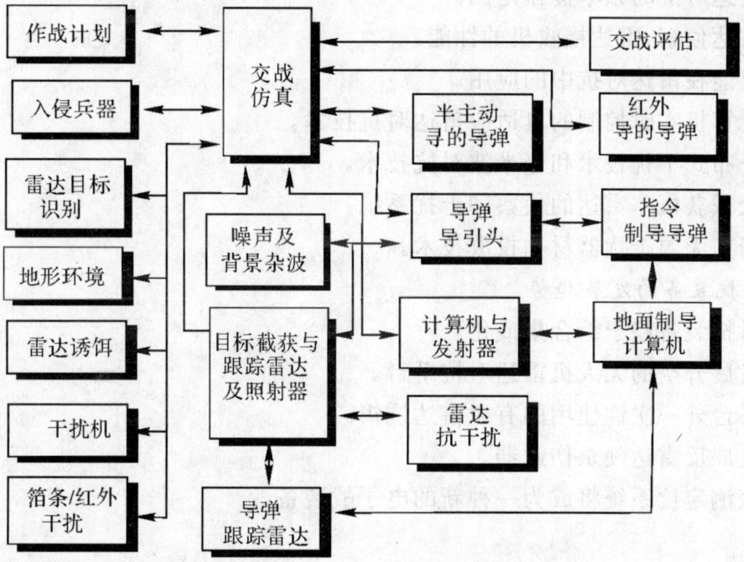

图 5.13　雷达对抗系统效能的仿真与评估系统结构

(2)雷达对抗系统性能的仿真与评估。雷达对抗系统性能的仿真，是以计算机组成虚拟的雷达对抗系统，模拟信号通过雷达对抗设备和干扰通过雷达设备的响应。

(3)雷达对抗系统效能仿真的环境。无论是进行雷达对抗系统作战效能仿真还是进行雷达对抗系统性能仿真，都需要建立一个仿真的支持环境。

仿真支持环境由多台计算机、数据采集与处理设备、大容量的存储器、数据库、显示记录设备、计算机网络以及相应的软件组成。

雷达对抗系统效能仿真的环境如图 5.14 所示。

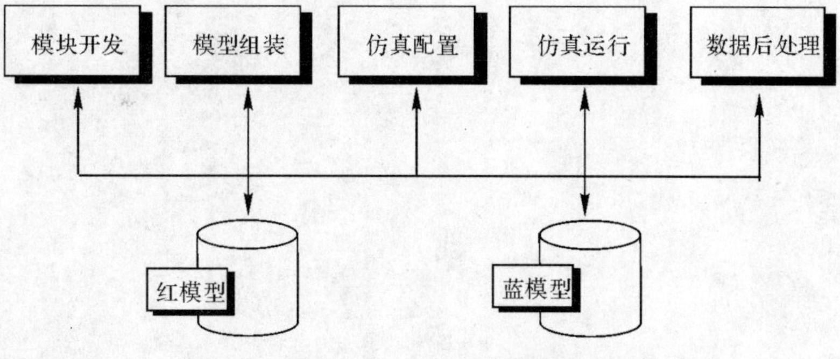

图 5.14　雷达对抗系统效能仿真的环境

5.10 雷达对抗的发展趋势

1. 雷达对抗技术的发展趋势

(1)扩展雷达对抗的频率覆盖范围。

(2)提高雷达侦察、雷达接收机的性能。

(3)人工智能在雷达对抗中的应用。

(4)发展计算机实时控制的自适应雷达对抗技术。

(5)研究分布式干扰技术和毫米波对抗技术。

(6)探讨低截获概率雷达的侦察和干扰系统。

(7)研制新型无源干扰器材和投放技术。

2. 雷达对抗装备的发展趋势

(1)雷达对抗装备趋于综合集成化。

(2)加速发展升空的无人机雷达对抗平台。

(3)发展平台外一次性使用的有源雷达诱饵。

(4)加速发展反雷达硬杀伤武器。

(5)无源探测定位系统将成为一种新的电子战装备。

第6章 水声对抗技术

本章主要论述水声对抗在现代海战中的重要地位，探讨水声对抗研究的主要内容。重点介绍潜艇常用的自航式诱饵、噪声干扰器和气幕弹等水声对抗系统装备的状况。

6.1 水声对抗在现代海战中的重要地位

在电子技术高度发展的今天，世界各国都已把海军装备中有无先进的水声对抗系统作为衡量舰艇现代化水平的重要标志之一。现代海战是空中、水上、水下同时进行的立体战争，使用的武器射程远，命中率高，杀伤力强，战争的突发性和破坏性也大，交战双方谁能先发现敌人并迅速反应且采取相应措施谁就掌握了战场的主动权。随着潜艇隐身技术及水中兵器在海军装备的发展，水声对抗也日益受到各国海军的高度重视。由于当前计算机技术、信息技术、制导技术的飞速进步，各军事强国都在大力研究防潜问题，积极研制反潜武器，将所有可用的高新技术用于反潜战领域，并且研究、论证和试验新的反潜思想和战术；建造了由多种反潜兵力和兵器、指挥控制系统和研究中心等组成的反潜战系统或网络。美国认为，反潜作战将是“海上战场军事行动的首要任务”和“海上战场主要的作战形式”。俄罗斯已把反潜作战夺取制海权定为除战略核突击以外的第二位的海军重要使命。随着反潜兵器对潜艇搜索、跟踪和攻击技术、战术上的日臻完善，摆在潜艇面前的隐蔽问题，已显得十分尖锐。依靠海水作为“青纱帐”来藏身的潜艇，如果不向前发展，就会在性能先进的敌探测器材面前“原形毕露”。因此，寻找有效途径，继续保持其优势地位，迫在眉睫。

现代战争的胜负，首先决定于电子战的能力，然后才是武器的威力及其战术。水声对抗是海军信息战的重要组成部分，是潜艇安全防卫主要措施之一，水声对抗器材是潜艇与反潜兵力作斗争的有力武器，因此，水声对抗反对抗的手段并不局限于水声技术领域，实际上它成为潜艇与反潜兵力对抗的代名词。据国外军事专家分析，在现代海战中，若潜艇不装备水声对抗系统和设备，自导鱼雷的命中概率可达80%以上，而装备水声对抗系统后其鱼雷命中概率将下降到20%～40%。显然，水声对抗对己方海上兵力具重要的防护作用，它对提高潜艇生命力和战斗力具有重要意义。水声战是艇电子战的一个重要组成部分，世界各国军事部门都投入了大量人力、物力认真总结和分析现代局部战争所取得的经验和教训，积极进行水声对抗系统的研究。自第二次世界大战中后期水声对抗技术出现以来，美、英、意和苏联等国都积极研究和开发水声对抗技术，不断地更新装备。以美国为例，其海军仅在1973—1979年的7年中用在声呐对抗器材和措施方面的经费达14 410万美元，至今已装备过四代水声对抗器材和两代水声对抗系统，现仍在研制更新的水声对抗系统和器材。可见，潜艇在现代声呐的探测跟踪技术和鱼雷武器制导控制技术面前，如何提高自身的生存能力，早已引起世界各国海军的高度重视。除采用降噪、消声等技术外，各国海军不惜投入大量的人力、物力和财力，先后研制出各种防御器材和装备，如气幕弹、声干扰器、诱饵等装备在潜艇上，以提高潜艇的生存能力。高技术在提高各国反潜能力的同时，也为潜艇加强水声对抗能力提供了有利条件。

水声对抗技术和装备是海军作战尤其是潜艇战和反潜战的主要装备之一，是信息战和精确打击在水下的体现和延伸。为了适应未来海上作战须提高我国潜艇的攻防能力，必须加快水声对抗装备的研制，重新审视和研究水声对抗战法。我国海军装备在声呐探测、鱼雷攻击以及水声防御方面已得到了飞速的发展，大多数水声对抗武器系统都是防御性质，主要用于舰艇对声导武器的干扰、欺骗和摧毁；由于广泛采用新技术，日益趋向多样通用化、综合化、智能化，形成互为补充的水声对抗系统和独立的战斗系统。

6.2　水声对抗的主要内容和主要对抗器材

尽管水声对抗就是敌我双方围绕声呐和声自导鱼雷所展开的水下声战，但实质还是潜艇与反潜兵力之间围绕潜艇而展开的斗争。声学战作为电子战的一支，它包括水声对抗和反对抗两个方面：对敌方声呐和声制导武器进行侦察、干扰和欺骗，以降低其工作效果的战术技术行为和措施，称为声对抗；为使己方声呐或声制导武器在受到敌方水声干扰和欺骗的情况下，能有效工作而采取的一切战术技术措施，称为反水声对抗。通常，当设计声呐和声制导系统时，就充分考虑了各种不利条件下有效工作应采取的一系列措施，如发射信号的功率、合理的频段和可变频率、多种信号形式以及目标特征鉴别等信号处理技术，所以，水声反对抗的频率范围主要是声呐或声制导系统的设计范围。一般讲的声学战主要指水声对抗。

水声对抗有完成战略性使命和战术性任务两方面的作用。以潜艇为例，水声对抗的基本任务有下述四方面：

(1)利用各种海洋和水上条件，结合战术机动，保证潜艇避开反潜兵力的搜索攻击。

(2)破坏和干扰敌方水声设备的正常探测，使潜艇脱离其搜索、攻击。

(3)当遭受敌方实施水声干扰时，采取相应措施，保证自己水声设备能正常工作，保持对水中目标的接触。

(4)干扰和破坏敌方声制导武器的正常工作，使其失效或降低使用效果。

潜艇和水面舰艇都有各自的水声对抗手段，概括起来讲，可以分成三类：软杀伤手段、硬杀伤手段和非杀伤手段。软杀伤即利用各种水声干扰技术，制造噪声干扰鱼雷或敌方声呐正常检测，或用假目标、诱饵等诱骗来袭鱼雷或声呐的探测，将其引走。软杀伤对抗所用的主要器材(装备)有各种类型的声诱饵、干扰器、气幕弹等；硬杀伤即是用炸药包、反鱼雷鱼雷、反鱼雷深水炸弹等将来袭鱼雷直接摧毁，这通常是当鱼雷已攻击到本舰艇附近时采用的防御手段。除了软、硬杀伤之外，还有一些技术也具有水声对抗效果。这些技术主要有舰船机动规避、消声覆盖层和降噪减振等。

本章所讨论的水声对抗系统为潜艇水声对抗系统，其常用的水声对抗器材为自航式诱饵、噪声干扰器和气幕弹等，相应的系统亦称为水声对抗系统。

(1)自航式声诱饵。自航式声诱饵是一种潜艇使用的欺骗性干扰器材，属软杀伤装备，主要用来对抗来袭鱼雷，也可用来对抗声呐探测，掩护己方舰艇逃遁，提高受攻击目标的生存概率。诱饵可以模拟潜艇的辐射噪声和机动运动犷作为一个强的假目标对抗被动声自导鱼雷。诱饵还具有回音重发功能，能应答声自导鱼雷发出的主动声脉冲信号，并附加一个时延和多普勒频移。高性能的诱饵还可以模拟目标长度、目标突起部位、相干距离变化率等潜艇声反射特性，以此对抗主动声自导鱼雷和主动声呐。

自航式声诱饵作为潜艇的“替身”，为了引诱攻击鱼雷和声呐的探测其产生的模拟声信号至少要满足两个条件：一是其模拟声信号的能量大于艇声信号的能量；二是其模拟声信号应先于潜艇声信号到达鱼雷和声呐。其基本功能有：具有模拟舰艇辐射噪声特性和声反射特性的能力；能与舰的环境条件和使用条件相适应；能与舰艇上的相关设备接口相匹配；具有要求的多种声学工作方式，并能按要求进行设定和选择。

自航式声诱饵的战术技术指标主要有模拟噪声频率范围、噪声级、信波形、目标强度、声学工作方式、目标距离、声学方向性、持续工作时间。其中航速多为高低分档可设定；噪声带宽与应答回声带宽分高频、低频两频段，分别用于对抗声自导鱼雷和声呐。

(2)噪声干扰器。噪声干扰器一般属于软杀伤装备，如果它还配备能感知来袭鱼雷接近干扰器距离的声呐设备及炸药，则成为软、硬杀伤兼有的对抗装备。噪声干扰是通过发射大功率宽带强连续随机噪声，干扰自导鱼雷或声呐探测，使其能正常工作，掩护本艇规避或进行反击。噪声干扰器的核心部分是由噪声干扰发射机和水声换能器组成的声学系统。其干扰效果取决于干扰噪声级、声频率范围、持续工作时间及干扰方式等战术技术指标。

噪声干扰按干扰方式可分为瞄准式干扰、阻塞式干扰、扫描式干扰、综合式干扰以及自适应式干扰等。干扰方式的选择应结合战术技术指标，综合考虑后确定。一般在不知敌声呐或来袭鱼雷的工作频率时，常使用宽带功率阻塞式干扰方式。这种干扰的主要优点是实现干扰快，不需要引导，系统设备简单，工作可靠。实施宽带干扰，可同时准确无误地干扰工作在干扰率范围内的各型主、被动声呐和线导、声自导鱼雷。而这种干扰方式的缺点是干扰功率利用率低。在干扰器能量允许的情况下，可使用这种干扰方式。

(3)气幕弹。气幕弹是目前水声对抗系统中唯一的一种无源干扰器材，具有结构简单、成本低廉的特点。它的一些独特作用，例如屏蔽效果，是其他干抗器所不能取代的。

气幕弹的声学特征主要指气幕对本艇噪声的屏蔽性能和等效目标强度。气幕弹的声学性能与它所产生气泡的类型、密度、分布律、几何尺寸等一列因素有关。气幕弹的声学特性一般靠实测并结合理论分析给出。首先，利用气幕的散射特性模拟潜艇的声反射特性，取一个假目标的作用。当前，技术先进的声自导鱼雷已成为反潜的主要武器，其自导装置采用多普勒分析、相关处理等技术，识别目标能力大大提高。气幕作为假目标很容易被识别出来，所以它模拟假目标的作用已经退化了。气幕的吸声作用对任何声呐都会造成影响，减小其探测距离。所以不论苏联还是其他西方国家使用气幕弹的原则都是设法置气幕于搜索者与目标之间，这都是为了充分发挥气泡幕的屏蔽作用。国外普遍称这种手段为声屏蔽战术，并列为声对抗中被动方式一类。

气幕屏蔽作用除等效目标强度外，气幕弹的其他战术技术性能指标有工作频率、气幕形成时间、气幕宽度、下沉速度等。通常希望气幕弹有较宽的工作频率，即在声呐和鱼雷自导工作频率内，气幕弹都有较好的作用效果。这主要通过控制气泡的几何尺寸实现。通过控制发气物质的反应速度、气幕弹的下沉速度、控制气泡的上浮速度及在水中的存留时间，可以使气幕弹有较长的有效作用时间。

第7章 水声反对抗与目标识别

7.1 水声反对抗

水声反对抗是指人为采取的对抗水声干扰的措施,以保证已有的水声观察设备能正常工作,声制导武器不失控。

7.1.1 水声反干扰的技术手段

水声反干扰的技术手段主要有以下几种:

(1)提高回声声呐的发射功率。

(2)使用窄波束接收且尽量减少接收负瓣。

(3)使用多频制声呐。

(4)在声呐接收设备中增加反消极干扰电路。

(5)对于模拟干扰器,尤其是潜艇模拟器,要想区分是比较困难的,但设计高分辨的声呐,便可能从目标幅度上区分出潜艇与假目标。

(6)从反潜技术观点看,目前研究的重点仍然是声学领域。而研究探测微弱信号,进行自适应信息处理以增强信号的探测、处理能力,可以提高声呐的抗干扰能力。

(7)通过其他途径,如红外,激光,地磁等非声手段,使用磁探仪、红外线探测仪等设备来探测潜艇。

7.1.2 制导鱼雷的抗干扰

制导鱼雷抗干扰的方法有以下两种:

(1)线导鱼雷。

(2)研制具有抗干扰能力的制导鱼雷。

制导鱼雷的主要特点是:

(1)高度的区分和识别能力。

(2)能防止将鱼雷导向海底和海面。

(3)对主、被动假声源与真目标信号两者之间有高度的识别能力,在强假声源干扰环境中也能跟踪目标。

(4)在浅水区能有效地工作,在强混响、多路径或特殊传播发射等现象中也能有效工作。

(5)搜索范围宽。

7.1.3 水声摧毁与反摧毁

"摧毁"是一种硬杀伤手段。它是在电子侦察的配合下,通过电子摧毁或力摧毁手段,使敌方重要的电子设备或系统永久失效或彻底破坏。在这方面，除了使用爆炸性武器外，还大量使用电磁能武器(如高能激光器、微波武器)和电子计算机病毒等。“反摧毁”的手段也很多，例如，就通信而言，常常是同时运用多种通信手段，实现多径传输，使得一个系统受到破坏时，能有其他系统可以代替或迂回。

7.2　目标识别

目标识别是指一个特殊目标(或一种类型的目标)从其他目标(或其他类型的目标)中被区分出来的过程。它既包括两个非常相似目标的识别，也包括一种类型的目标同其他类型目标的识别。

1. 目标识别的基本原理

目标识别的基本原理是利用回波中的幅度、相位、频谱和极化等目标特征信息，通过数学上的各种多维空间变换来估算目标的大小、形状。重量和表面层的物理特性参数，最后根据大量训练样本所确定的鉴别函数，在分类器中进行识别判决。

2. 目标识别的步骤

(1)从已知目标的后向散射波中提取特征。

(2)建立已知目标的特征数据库。

(3)通过实时信号处理器提取未知目标的特征。

(4)将这些特征同数据库的特征进行比较并作出决策。

3. 目标识别的方法

目标识别的方法主要有：

(1)利用目标回波的幅度和相位特性来识别。

(2)利用目标回波场的分布特征来识别。

(3)利用目标的运动特征来识别。

(4)利用目标的冲击响应和传递函数来识别。

下篇　网络对抗

第8章 概 论

8.1 网络安全威胁

网络系统的开放性,以及现有网络协议和软件系统固有的安全缺陷,使任何一种网络系统都不可避免地、或多或少地存在一定的安全隐患和风险。特别是 Internet 使用和管理上的无政府状态,使人们在享受网络所带来的方便和效益的同时,也面临着网络安全方面的巨大挑战,黑客攻击、计算机病毒、信息非法获取等给网络信息安全带来严重的威胁,安全事件屡有发生,并造成了巨大经济损失。据美国联邦调查局(FBI)统计,每年因网络安全问题所造成的经济损失高达75亿美元。

1. 信息安全对抗形式

(1)网络信息战(新的战争样式)。

(2)网络恐怖战争(不对称战争形态)。

(3)黑客大战。

(4)内部反间谍战。

(5)其他。

2. 信息安全的重要性

(1)一个国家基础设施对网络与信息系统的依赖性越来越大,必须保障这些网络信息系统的安全。

(2)为网络信息化,如电子商务、电子政务、电子金融以及电子企业等提供信息安全保障。

8.2 OSI 安全体系结构

8.2.1 ISO 定义的安全威胁

安全威胁是指对于安全性的潜在破坏。ISO 认为在 OSI 环境中可能面临下述的安全威胁:

(1)假冒。一个具有合法身份的实体伪装成另一个实体,威胁源是用户或程序。

(2)非法连接。在网络实体与网络资源之间建立非法的逻辑连接,威胁源是用户或程序。

(3)非授权访问。入侵者违反访问控制规定越权访问网络资源,威胁源是用户或程序,威胁对象是各种网络资源。

(4)拒绝服务。拒绝为合法的用户提供正常的网络服务,威胁源是用户或程序。

(5)抵赖。用户否认发送过或接收过数据报文,威胁源是用户或程序。

(6)信息泄漏。未经授权的用户非法获取了信息,造成信息失密,威胁源是用户或程序,威胁对象是通信系统中的数据报文或数据库中的数据。

(7)通信业务流分析。入侵者通过观察和分析通信业务流(如信源、信宿、传送时间、频率和路由等)来获得敏感的信息,威胁源是用户或程序,威胁对象是通信系统中的数据报文。

(8)篡改报文流。对正确的数据报文序列进行非法修改、删除、重排序或重放,威胁源是用户或程序,威胁对象是通信系统中的数据报文。

(9)篡改或破坏数据。对数据报文和数据库中的数据进行非法修改或删除,威胁源是用户或程序,威胁对象是通信系统中的数据报文或数据库中的数据。

(10)推断信息。根据公布的概要信息(如统计数据、摘要信息等)来推导出原有信息中的数据值,威胁源是用户或程序,威胁对象是数据库中的数据。

(11)非法篡改程序。破坏操作系统、通信软件或应用系统,威胁源是用户或程序,威胁对象是系统中的程序。

8.2.2 安全服务

在分析系统中存在的安全威胁的基础上,提出系统的安全需求,选择适当的安全服务来保护系统,消除安全威胁可能带来的危害。在OSI安全体系结构中,提供了以下5种安全服务:

(1)实体认证安全服务。实体认证是防止主动攻击的安全措施,认证的基础是识别和证实。首先要识别一个实体的身份,然后证实该实体是否符合其声明的身份。在OSI环境中,实体认证安全服务有来访实体认证、交互双方实体认证和信息源实体认证等。

(2)访问控制安全服务。访问控制是防止越权访问和使用系统资源的安全措施,访问控制大体可分成自主访问控制和强制访问控制,其实现机制可以是基于访问控制属性的访问控制列表,或者是基于安全标签、用户分类和资源分档的多级访问控制等。

(3)数据机密性安全服务。数据机密性是防止信息泄漏的安全措施。数据机密性安全服务又细分为:

1)报文保密。保护通信系统中的报文或数据库中的数据。

2)选择段保密。保护报文中被选择的数据段。

3)通信业务流保密。防止通过观察和分析通信业务流(如信源、信宿、传送时间、频率和路由等)来获得敏感的信息等。

(4)不可否认安全服务。不可否认是防止否认已经发生过操作的安全措施。不可否认安全服务又细分为:

1)发送的不可否认。防止发送者否认发送过信息。

2)接收的不可否认。防止接收者否认接收过信息。

3)公证。当通信双方互不信任时,可以通过双方都信任的第三方来公证已经发生过的操作。

(5)数据完整性安全服务。数据完整性是防止非法篡改报文、文件或通信业务流,保证正确无误地获得资源的安全措施。数据完整性又细分为:

1)面向连接完整性。为一次面向连接传输中的所有报文提供完整性,方法是验证报文是否被非法篡改、插入、删除或重放。

2)面向连接选择段完整性。在一次面向连接传输中,为报文内所选择报文段提供完整性,方法是验证所选择的报文段是否被非法篡改、插入、删除或重放。

3)无连接完整性。为一次无连接传输中的所有报文提供数据完整性,方法是验证所接收的报文是否被非法篡改。

4)无连接选择段完整性。在一次无连接传输中,为报文内所选择报文段提供完整性,方法是验证所选择的报文段是否被非法篡改。

8.2.3 安全机制

OSI安全机制可以分成两类:一类与安全服务有关,用来实现安全服务;另一类与安全管理有关,用来加强对系统的安全管理。

1. 安全服务相关的安全机制

(1)加密机制。用于保证通信过程中信息的机密性,采用加密算法对数据或通信业务流进行加密。它可以单独使用,也可以与其他机制结合起来使用。加密算法可分成对称密钥系统和非对称密钥系统。

(2)数字签名机制。用于保证通信过程中操作的不可否认性,发送者在报文中附加使用自己私钥加密的签名信息,接收者使用签名者的公钥对签名信息进行验证。

(3)数据完整性机制。用于保证通信过程中信息的完整性,发送者在报文中附加使用单向散列算法加密的认证信息,接收者对认证信息进行验证。使用单向散列算法加密的认证信息具有不可逆向恢复的单向性。

(4)实体认证机制。用于保证实体身份的真实性,通信双方相互交换实体的特征信息来声明实体的身份,如口令、证书以及生物特征等。

(5)访问控制机制。用于控制实体对系统资源的访问,根据实体的身份及有关属性信息确定该实体对系统资源的访问权,访问控制机制一般分为自主访问控制和强制访问控制。

(6)信息过滤机制。用于控制有害信息流入网络,根据安全规则允许或禁止某些信息流入网络,防止有害信息对网络系统的入侵和破坏。

(7)路由控制机制。用于控制报文的转发路由,根据报文中的安全标签来确定报文的转发路由,防止将敏感报文转发到某些网段或子网,被攻击者窃听和获取。

(8)公证机制。由第三方参与的数字签名机制,通过双方都信任的第三方的公证来保证双方操作的不可否认性。

2. 安全管理相关的安全机制

(1)可信任性。用来保证安全机制所提供的安全性的可信任。

(2)安全标签。用来标明安全对象的敏感程度或安全级。

(3)事件检测。用来检测与安全性相关的事件。

(4)安全审计。用来记录和审查与安全性相关的实体活动和系统事件。

(5)灾难恢复。用来将遭到破坏的安全性恢复到与破坏前一致的安全状态。

OSI的安全服务与安全机制有着密切的关系,一个安全系统的功能通过安全服务体现出来,安全服务又是由安全机制实现的。一种安全服务可以由一个或多个安全机制来实现,一个安全机制也可以用于实现不同的安全服务。

例如,实体认证安全服务可以通过加密机制、数字签名机制以及实体认证机制来实现。同时,加密机制可以用于实现实体认证、数据机密性、数据完整性、不可否认等多种安全服务。

8.2.4 安全管理

通常，一个特定应用环境的安全策略决定着系统安全级别和能力，安全策略主要关注安全需求，不考虑具体实现。在安全策略的指导下，选择适当的安全服务和安全机制来实现规定的安全性。为了保障安全服务和安全机制的有效实施，必须采取适当的管理手段进行监控和管理。

1. 安全服务管理

各种安全服务的管理，其中包括：

(1)为某个安全服务指定和分配安全方案。

(2)指定和维护安全机制的选用规则。

(3)对本地或远程可用的安全机制进行协商。

(4)通过安全机制管理功能调用指定的安全机制。

(5)与其他的管理功能进行交互。

2. 安全机制管理

各种安全机制的管理，其中包括：

(1)密钥管理。

(2)加密与解密管理。

(3)数字签名管理。

(4)数据完整性管理。

(5)实体认证管理。

(6)访问控制管理。

(7)信息过滤管理。

(8)路由控制管理。

(9)公证管理。

3. 系统安全管理

整个系统环境的安全管理，其中包括：

(1)安全策略管理。

(2)与其他的 OSI 管理功能进行交互。

(3)与其他的安全管理功能进行交互。

(4)事件管理。

(5)安全审计管理。

(6)灾难恢复管理。

8.2.5 安全系统结构

在安全的开放环境中，用户可以使用各种安全应用。安全应用由一些安全服务提供，而安全服务通过各种安全机制来实现。因此，在安全的开放环境中，安全应用、安全服务和安全机制构成了一个层次化的安全体系结构。

网络安全系统结构图如图 8.1 所示。

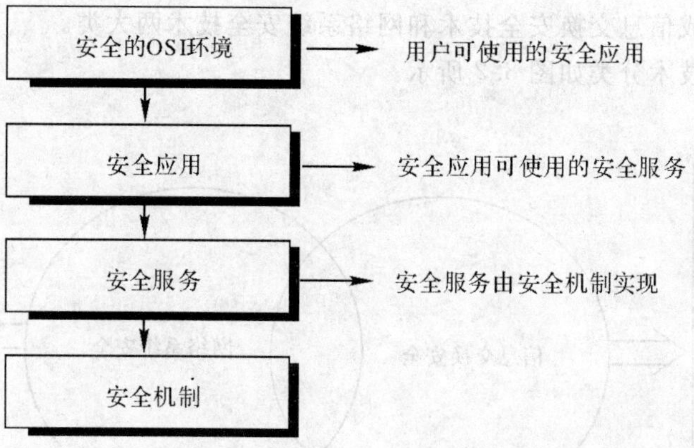

图 8.1　网络安全系统结构

8.3　TCP/IP 协议的安全问题

在制定 TCP/IP 协议之初,并没有过多地考虑安全问题。随着 TCP/IP 协议的广泛应用,已暴露出很多的安全弱点和漏洞,并被攻击者利用作为攻击网络系统的重要手段。TCP/IP 协议的安全弱点主要表现在下述两个方面:

(1)它没有提供任何安全机制,如数据机密性、数据完整性、身份真实性以及不可否认性等,不能直接用于建立安全通信环境,必须通过附加安全协议来提供安全机制和安全服务,如 IP 安全 (IPSec) 协议、安全套接层(SSL)协议等都是基于 TCP/IP 协议的安全协议。

(2)它本身有安全隐患,往往被攻击者利用作为攻击网络系统的一种手段,如 IP 地址欺骗,ICMP Echo flood,TCP SYN flood 和 UDP flood 攻击等,它们大都属于拒绝服务(Denial of Service,DoS)攻击。

网络系统所面临的安全风险和潜在的安全威胁与网络应用环境密切相关。目前,网络应用环境大致可分为以下 3 种:

(1)开放网络环境。主要是指 Internet 中向公众开放的各种信息服务系统或网站,网站与 Internet 连接,信息内容完全开放,任何客户都可以通过 Internet 浏览网站上的信息。这种网络应用是开放的,它所面临的安全风险是拒绝服务(DoS)、篡改网页内容以及被非法利用等。

(2)专用网络环境。主要是指基于 Inernet 互连的专用网,如企业网、金融网、商务网等,专用网通过防火墙与 Internet 连接,网络资源只向授权的用户开放,他们可以通过 Internet 访问专用网上的信息资源。这种网络应用是半开放的,它所面临的安全风险是假冒合法用户获取信息以及在信息传输过程中非法截获或者篡改信息等。

(3)私用网络环境。主要是指与 Internet 完全隔离的内部网,如政务网、军用网等。私用网与 Internet 是物理隔离的,网络资源只向授权的内部网用户开放,他们只能通过内部网访问网络中的信息资源。这种网络应用是封闭的,它所面临的安全风险是内部用户的非授权访问,窃取和泄漏机密信息等。

必须针对不同网络应用环境所面临的安全风险,采取适当的安全措施来增强网络系统的安全性。

目前,人们提出了各种网络信息安全技术,根据应用模式和安全机制,这些网络信息安全技术大致上可以分成信息交换安全技术和网络系统安全技术两大类。

网络信息安全技术分类如图 8.2 所示。

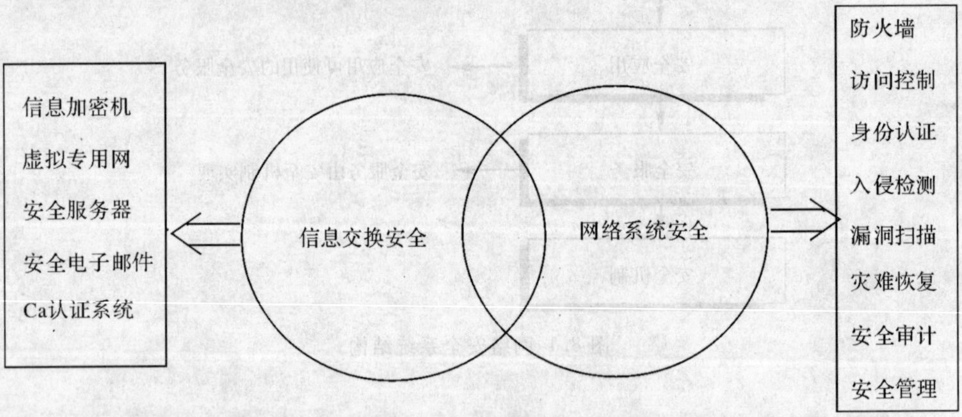

图 8.2 网络信息安全技术分类

8.4 信息交换安全技术

信息交换安全技术主要为了保证在网络环境中信息交换的安全，防止在信息传输过程中被非法窃取、篡改、重放和假冒等。

信息交换安全技术是通过数据机密性、数据完整性和用户身份真实性等安全机制来实现的，其关键技术是密码技术和安全协议。

主要技术方法有各种加密机、虚拟专用网(VPN)、安全服务器、CA 认证系统等。

8.4.1 密码技术

密码技术是信息交换安全的基础， 通过数据加密、消息摘要、数字签名及密钥交换等技术实现了数据机密性、数据完整性、不可否认性和用户身份真实性等安全机制，从而保证了网络环境中信息交换的安全。

密码技术大致可以分为三类：

(1)对称密码算法。典型的算法有 DES，3DES，IDEA 等。

(2)非对称密码算法。典型的算法有 RSA，DSA 等。

(3)单向散列函数。典型的算法有 MD5，SHA 等。

新型密码算法：

(1)椭圆曲线密码算法(Elliptic Curve Cryptography，ECC)。

(2)AES(Advanced Encrytion Standard)算法。

(3)在光纤上实现信息加密和密钥管理的量子密码学。

8.4.2 安全协议技术

在网络环境下，为了实现信息交换的安全，通信各方必须采用相同的安全协议。安全协议定义了网络安全系统结构、安全机制、所支持的密码算法以及密码算法协商机制等。按网络体系结构层次划分，安全协议可以分成数据链路层安全协议、网络层安全协议、传输层安全协议和应用层安全协议。

(1)数据链路层安全协议。主要有 PPTP (Point - to - Point Tunneling Protocol)和 L2TP (Layer2 Tunneling Protocol)协议,它们都是在电话链路上提供点到点隧道传输功能的安全协议。

(2)网络层安全协议。主要有 IP Sec (IP Security)协议。

(3)传输层安全协议。主要有 SSL (Secure Socket Layer) 和 TLS (Transport Layer Security)协议。

(4)应用层安全协议。主要有 SET(Secure Electronic Transaction),S - HTTP(Secure HTTP),S-MIME (Secure MIME)协议,PGP(Pretty Good Privacy)等。

8.5 网络系统安全技术

研究网络系统安全技术主要为了保证网络环境中各种应用系统和信息资源的安全,防止未经授权的用户非法登录系统,非法访问网络资源,窃取信息或实施破坏。

网络系统安全技术主要侧重于攻击行为和特征、攻击行为检测和阻断、系统防护和灾难恢复等方面的研究,主要技术方法有防火墙、访问控制、入侵检测、漏洞扫描、身份认证、灾难恢复和安全管理等,可归纳为网络防护、网络检测、灾难恢复和安全管理等技术。

1. 网络防护技术

网络防护技术主要用于控制用户对网络系统和资源的访问,只允许经过授权的合法用户登录网络系统,以规定的权限访问网络资源。常用的网络防护技术有接纳控制和防火墙。

2. 网络检测技术

网络检测技术主要用于检测和发现网络系统潜在的安全漏洞以及攻击者利用安全漏洞实施的入侵行为,并及时发出警报。检测系统安全漏洞的安全技术称为安全漏洞扫描技术,检测攻击者入侵行为的安全技术称为入侵检测技术。

3. 灾难恢复技术

灾难恢复技术是一种减灾技术,目的是在网络系统遭到攻击后能够最大化和快速地恢复系统运行,将系统损失减少到最低程度。灾难恢复技术主要基于数据备份和系统容错技术。

第9章 网络信息安全威胁

9.1 网络安全威胁

ISO在定义OSI安全体系结构的同时，也指出了OSI环境中所面临的各种安全威胁。在现实网络世界中，常见的安全威胁或网络攻击主要有以下几种：

(1)网络监听。通过监听和分析网络数据包来获取有关重要信息，如用户名和口令、重要数据等。

(2)信息欺骗。通过篡改、删除或重放数据包进行信息欺骗。

(3)系统入侵。通过网络探测、IP欺骗、缓冲区溢出、口令破译等方法非法获取一个系统的管理员权限，进而安放恶意代码(如木马、病毒等)、获取重要数据或者实施系统破坏。

(4)网络攻击。通过拒绝服务、计算机病毒等方法攻击一个系统，使该系统陷于瘫痪或崩溃。

9.2 分布式拒绝服务攻击

2000年2月，美国著名的网站Yahoo!，eBay，Buy，CNN和ZDNet等相继遭到网络黑客大规模的分布式拒绝服务 (Distributed Denial of Service，DDoS)攻击，导致这些网站系统瘫痪，服务中断。这一事件在美国乃至全球都引起了强烈震动。

DDoS攻击采用了与DoS攻击相同的攻击手法，通过产生大量虚假的数据包来耗尽目标系统的资源，如CPU周期、内存和磁盘空间、通信带宽等，使系统无法处理正常的服务，直到过载而崩溃。

DDoS攻击将DoS攻击技术向前发展了一步，DoS攻击采用单点结构，攻击力有限，呈现“孤岛效应”；DDoS攻击则采用分布式结构，攻击力强大，形成“规模效应”。两者相比，DDoS攻击对网络系统的威胁要大得多。

DDoS攻击是一种渗透(Penetration)式攻击，通过发送海量数据包来验证一个网络系统所能处理的最大网络流量。事实上，在网络容量测试中采用了相类似的网络渗透方法，其目的是确定一个网络系统能够处理多大的网络流量，以此决定是否需要增加网络带宽。但是，这类商用软件工具的源代码是不公开的。

9.2.1 DDoS攻击的基本原理

从DDoS攻击机理来看，攻击者首先扫描和寻找Internet中有安全漏洞的主机，然后将这些主机有效地组织起来，构成一个强大的攻击网络(Attack Network，AN)，然后利用这个攻击网络中的主机向目标系统发起大规模的DoS攻击，耗尽目标系统的可用资源，使目标系统过载而崩溃。

这个攻击网络由三类节点组成：攻击者(Attacker，AK)、攻击控制者(Attacker Master，AM)和攻击代理者(Attacker Agent，AA)，见图 9.1。

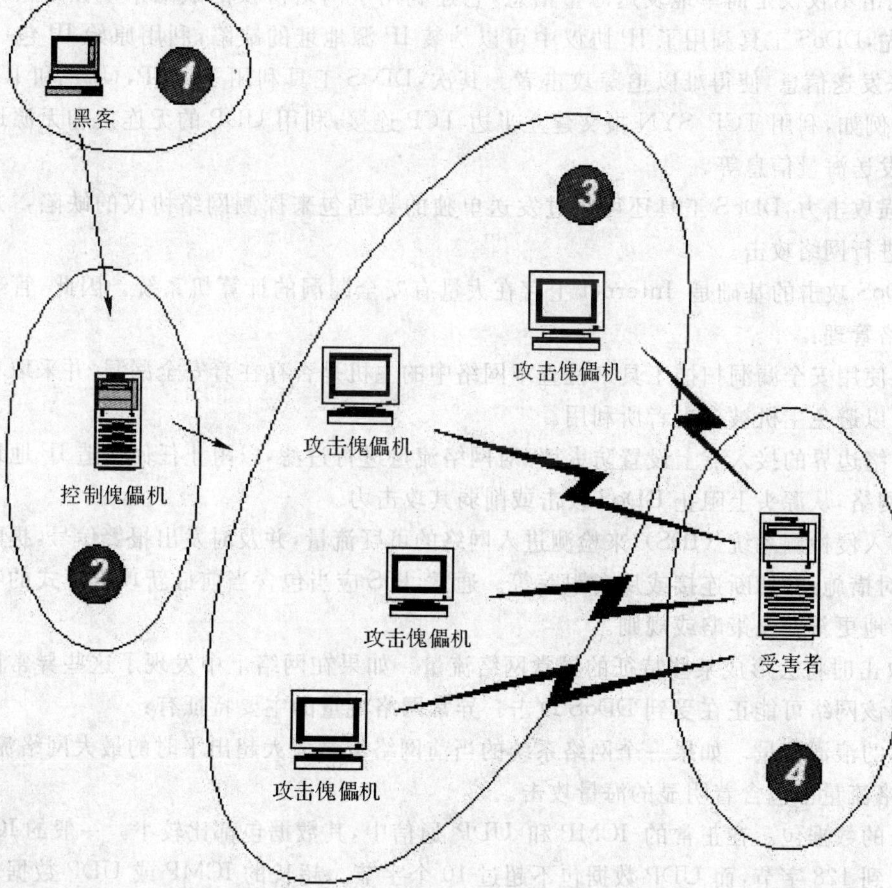

图 9.1 分布式拒绝攻击示意图

DDoS 攻击首先利用 Internet 中的脆弱主机构建一个分布式攻击系统，然后通过这个分布式攻击系统对目标系统实施 DoS 攻击，其过程如下：

(1)AK 使用漏洞扫描工具和其他方法在 Internet 中寻找和发现脆弱主机，并且要达到一定的数量级。

(2)AK 基于攻击策略为脆弱主机分配适当角色(AM 或 AA)，建立起分布攻击视图。

(3)AK 根据分布攻击视图对脆弱主机进行攻击，获得对脆弱主机的控制权限(如 Root 权限)，然后在脆弱主机上安装 AM 或 AA 程序。

(4)在所有脆弱主机上安装了 AM 或 AA 程序后，便建立起一个分布式 DDoS 攻击系统。

(5)AK 利用这个分布式 DDoS 攻击系统对目标系统实施各种 DoS 攻击(如 ICMP flood，TCP SYN flood，UDP flood 等)。

由此可见，DDoS 攻击主要分成两个阶段：脆弱主机攻击(1)～(3)步和目标系统攻击(4)～(5)步，每个阶段的攻击目的和攻击手段都是不相同的。

典型的 DDoS 攻击工具有 Stacheldraht，Trinoo 和 Tribe Flood Network(TFN)等 3 种。

9.2.2 DDoS 攻击的检测方法

DDoS 攻击不仅仅是简单地发送海量信息，它还利用了网络协议的缺陷来增强攻击力和隐蔽性。首先，DDoS 工具利用了 IP 协议中可以伪装 IP 源地址的缺陷，利用原始 IP 包(raw IP packet)来发送信息，使得难以追踪攻击者。其次，DDoS 工具利用了 TCP，UDP 和 ICMP 协议的缺陷，例如，利用 TCP SYN 报文建立半边 TCP 连接，利用 UDP 的无连接和无源地址认证特性来发送海量信息等。

为了增强攻击力，DDoS 工具还可通过发送单独的数据包来探测网络协议的缺陷，并利用这些缺陷进行网络攻击。

构成 DDoS 攻击的基础是 Internet 上存在大量有安全漏洞的计算机系统。因此，管理员应当加强网络管理：

(1)经常使用安全漏洞扫描工具来检查本网络中的主机是否存在着安全漏洞，并采取相应的弥补措施，以避免主机被攻击者所利用。

(2)在网络边界的接入点上设置防火墙，对网络流量进行过滤，以阻止任何伪造 IP 地址的数据包进入网络，从源头上阻止 DDoS 攻击或削弱其攻击力。

(3)使用入侵检测系统 (IDS) 来检测进入网络的可疑流量，并及时发出报警信号，提醒管理员采取应对措施，如切断连接或反向跟踪等。通常，IDS 应当包含当前最新攻击模式的特征描述，并不断地更新安全策略或规则。

DDoS 攻击时将会形成某些特征的异常网络流量。如果在网络上中发现了这些异常网络流量，则说明该网络可能正在受到 DDoS 攻击。异常网络流量的主要特征有：

(1)异常的浪涌流量。如果一个网络系统的当前网络流量大大超出平时的最大网络流量，则表明在网络流量中包含着明显的海量攻击。

(2)超长的数据包。在正常的 ICMP 和 UDP 通信中，其数据包都比较小。一般的 ICMP 数据包为 64 到 128 字节，而 UDP 数据包不超过 10 个字节。超长的 ICMP 或 UDP 数据包说明可能携带有控制信息，如攻击目标主机地址、攻击命令和其他参数等。

(3)异常的数据包内容。在有些 DDoS 数据包中，只包含英文字符，没有空格、标点符号和控制字符。例如，TFN2K 包采用 BASE64 代码封装，只包含 BASE64 字符，并且 TFN2K 包中含有重复的“AAAA…”字符串，这些字符串是用来填充缓存区中加密程序未被填满的部分。

(4)异常的通信端口。DDoS 攻击工具大都使用特定的高端口号来发送数据。如果发现 TCP 或 UDP 通信的目的端口号大于 1 024，则该通信是非常可疑的，因为任何已知的网络服务都不使用这些端口。

对于 Unix 或 Linux 主机系统，可以使用 netstat 命令来观察，还可以自己编制检测程序来检测。

9.3 缓冲区溢出攻击

缓冲区溢出攻击也是一种渗透式攻击手法，攻击者主要利用程序设计上的某些缺陷来实施缓冲区溢出攻击，其目的是通过缓冲区溢出执行一些恶意代码，获得一个主机的控制权，为实施进一步的攻击提供基础。

9.3.1　缓冲区溢出攻击的基本原理

一个程序在执行数据拷贝操作前，首先需要分配一个缓冲区，用于存放要拷贝的数据。如果所分配的缓冲区空间小于要拷贝的数据长度，则会产生缓冲区溢出，缓冲区溢出的数据将会被覆盖。这些数据可能是随机数据或用户数据。如果这些数据是用户提供的，则可以利用缓冲区溢出来执行一些恶意的动作，例如修改变量值、改变程序执行顺序等。

现在给出一个典型的缓冲区溢出例子：

```
void func(char  * userdata)
{
char buf [256];
...
strcpy (buf, userdata) ;
...
}
```

程序员是以要拷贝的数据肯定少于 256 字节为假设前提，并将数据直接存放到缓冲区中。然而，由于数据是由用户提供的，数据的内容和大小就可以是任意的。strcpy()函数将会连续地从 * userdata 中拷贝数据到 buf 中，直至碰到一个 NULL 字符为止。任何大于 256 字节的数据都会从这个缓冲区溢出。

在缓冲区溢出攻击中，攻击者将一个包含攻击代码 shellcode 的数据拷贝到缓冲区中，使缓冲区产生溢出，shellcode 的地址将覆盖所保存的指令地址。这样，当函数返回时，程序将会重定向到攻击代码上执行，见图 9.2。

缓冲区溢出攻击有多种方式，它们主要采用程序重定向法来达到攻击的目的。

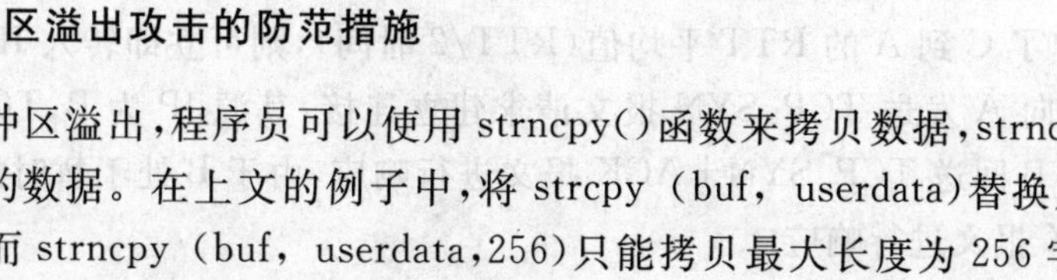

图 9.2　缓冲区溢出攻击示意图

9.3.2　缓冲区溢出攻击的防范措施

为了避免缓冲区溢出，程序员可以使用 strncpy()函数来拷贝数据，strncpy()函数只拷贝满足缓冲区大小的数据。在上文的例子中，将 strcpy (buf, userdata)替换成 strncpy (buf, userdata, 256)，而 strncpy (buf, userdata,256)只能拷贝最大长度为 256 字节的数据，就不会发生溢出了。

缓冲区溢出是一种程序设计上的漏洞，主要是程序员缺乏安全意识造成的。因此，程序员在程序设计时，必须采取预防措施，对存入缓冲区的数据要进行超长中断，以防止缓冲区溢出，同时还应当检查返回值。

同时，C 语言中有一些不能自动中断字符串的函数，在使用这些函数时，应当采取预防措施。并且在不同的操作系统上，这些函数的实现可能会不同，在编程之前，必须认真地阅读程序设计语言有关的技术说明。

9.4 IP 欺骗攻击

IP 欺骗攻击是一种常用的渗透式攻击，攻击者主要利用了 TCP/IP 协议和操作系统中的某些缺陷来实施 IP 欺骗攻击，进而达到获得一个主机系统的控制权(root 权限)的目的，为实施进一步的攻击打下基础。IP 欺骗攻击的手法有很多种，本节介绍利用 rlogin 程序和建立 TCP 连接过程来实施 IP 欺骗攻击。

9.4.1 IP 欺骗攻击的基本原理

对于那些基于远程过程调用 (RPC) 的命令，如 rcp，rsh，rlogin 等都是采用客户和服务器模式，在一个主机上运行客户程序(如 rlogin)，在另一个主机上运行服务程序(如 rlogind)。

当建立远程连接时，服务程序是根据 $HOME/.rhosts 以及/etc/hosts.equiv 文件进行安全检查的，并且只根据信源 IP 地址来确认用户的身份，以确定是否接受用户的 RPC 请求。

由于 RPC 连接是基于特定端口的 TCP 连接，而建立 TCP 连接需要经历“三次握手”过程。每次建立 TCP 连接时，TCP 都要为该连接产生一个初始序列号(ISN)。为了防止因 TCP 报文的延迟和重传带来的不安全因素，TCP 协议采用适当的算法来产生初始序列号，而不能随便选取，并且不同的 TCP 实现系统可能采用不同的生成算法。如果掌握了 TCP 初始序列号的分配方法及其随时间变化的规律，则很容易实施 IP 欺骗攻击。

假设 B 是 A 所信任的主机，所谓信任是指在 A 的/etc/hosts.equiv 和 $HOME/.rhosts 文件中注册有 B 的 IP 地址。如果 C 企图攻击 A，则必须知道 A 信任 B。现在介绍 C 采用 IP 欺骗手法攻击 A 的基本过程。

(1)假设 C 已经知道了 A 信任 B，首先设法使 B 的网络功能暂时瘫痪，以免 B 干扰攻击。可以通过 TCP SYN flood 攻击来达到这一目的，即通过 TCP SYN flood 攻击使 B 的网络功能暂时瘫痪。

(2)C 设法探测 A 的当前 ISN，可以采用连续向 25 端口发送 TCP SYN 报文请求来实现。25 端口是 SMTP 服务，不提供任何安全检查机制。同时，还要计算 C 到 A 的 RTT (Round Trip Time)平均值。

如果 C 掌握了 A 的 ISN 基值及其增加规律(例如每秒增加 128 000，每次连接增加 64 000)，也计算出了 C 到 A 的 RTT 平均值(RTT/2 时间)，则可立即转入 IP 欺骗攻击。

(3)C 伪装 B 向 A 发送 TCP SYN 报文请求建立连接，其源 IP 为 B，TCP 端口为 513 端口(rlogin)。A 向 B 回送 TCP SYN＋ACK 报文进行响应，由于 B 处于暂时瘫痪状态，无法向 A 发送 TCP ACK 报文进行响应。

(4)C 伪装成 B 向 A 发送 TCP ACK 报文，该报文中带有 C 所预测的 A 的序列号 ISN＋1。如果序列号预测准确，则这个 TCP 连接便建立起来，转入数据传送阶段。

由于这个连接是 A 与 B 之间的连接，A 向 B 发送数据，而不是向 C，C 仍然无法看到 A 发送给 B 的数据。

因此，C 还需要假冒 B 向 A 发送类似于“cat ＋ ＋ ＞＞ ～/.rhosts”的 rlogin 命令来完

成攻击。

如果序列号预测得不准确，则 A 可能会发送一个 TCP RST 报文来异常终止连接，本次攻击失败。IP 欺骗攻击主要利用了 RPC 服务器的安全检查仅仅依赖于信源 IP 地址的弱点。一旦准确地预测了 A 的 ISN，攻击成功率是很大的。如果攻击者控制了 A 与 B 之间的路由器，则可以获得 A 发送给 B 的数据段，使攻击更加容易。

利用 IP 欺骗攻击可以得到一个主机的 Shell。对于高明的攻击者来说，得到目标主机的 Shell 后，能够很容易地获得该主机的 Root 权限，为实施进一步的攻击奠定了基础。

9.4.2　IP 欺骗攻击的防范措施

(1)删除所有的/etc/hosts. equiv 和 $HOME/. rhosts 文件，并修改/etc/inetd. conf 文件，使 RPC 服务无法运行。

(2)在路由器中设置过滤器，滤除那些来自外部而信源地址却是内部 IP 的报文；

(3)在 TCP 实现系统中，应当选择具有较好随机性的 ISN 生成算法，使攻击者难以找到规律。

第10章 密码技术

密码技术是信息交换安全的基础，通过数据加密、消息摘要、数字签名及密钥交换等技术实现了数据机密性、数据完整性、不可否认性和用户身份真实性等安全机制，从而保证了网络环境中信息传输和交换的安全。密码技术大致可以分为三类：

(1)对称密码算法，如 DES，IDEA 和 RC 等算法。

(2)非对称密码算法，如 RSA，DSA 等算法。

(3)单向散列函数，如 MD5，MD2 和 SHA 等算法。

10.1 对称密码算法

10.1.1 基本原理

对称密码算法是指加密和解密数据使用同一个密钥，即加密和解密的密钥是对称的，这种密码系统也称为单密钥密码系统。原始数据(即明文)经过对称加密算法处理后，变成了不可读的密文(即乱码)。如果想解读原文，则需要使用同样的密码算法和密钥来解密，即信息的加密和解密使用同样的算法和密钥。

对称密码算法的特点是计算量小、加密速度快；缺点是加密和解密使用同一个密钥，容易产生发送者或接收者单方面密钥泄露问题，在网络环境下应用时必须使用另外的安全信道来传输密钥，容易引起密钥泄露和信息失密问题。

对称加密算法密钥传输示意图如图 10.1 所示。

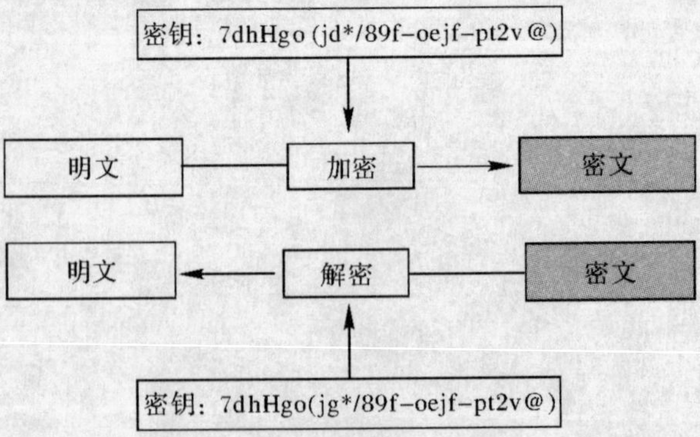

图 10.1 对称加密算法密钥传输

10.1.2 DES 密码算法

DES (Data Encryption Standard)作为 ISO 和 ANSI 的数据加密标准已经有近 30 年历史了，经受住了长期的各种密码分析攻击，仍保持较好的安全性。

DES是一种分组密码算法，使用56位密钥将64位的明文转换为64位的密文，密钥长度为64位，其中有8位是奇偶校验位。

在DES算法中，只使用了标准的算术和逻辑运算，加密和解密速度很快，并且易于实现硬件化和芯片化。

1. DES算法描述

(1)对64位的明文分组进行加密操作。

(2)通过一个初始置换(IP)，将64位明文分组分成左半部分和右半部分，各为32位。

(3)进行16轮完全相同的运算，这些运算称为函数 f，在运算过程中，数据和密钥结合。

(4)经过16轮运算后，再通过一个初始置换的逆置换(IP－1)，将左半部分和右半部分合在一起，最终得到一个64位的密文。

每一轮的运算步骤如下：

(1)首先进行密钥置换，通过移动密钥位，从56位密钥中选出48位密钥。

(2)进行 f 函数运算。

1)通过一个扩展置换(也称E置换)将数据的右半部分扩展成48位。

2)通过一个异或操作与48位密钥结合，得到一个48位数据；

3)通过8个S-盒代换将48位数据变换成32位数据。

4)对32位数据进行一次直接置换(也称P-盒置换)。

(3)通过一个异或操作将函数 f 的输出与左半部分结合，其结果为新的右半部分；而原来的右半部分成为新的左半部分。

每一轮运算的数学表达式为

$$\mathrm{L}_i \longleftarrow \mathrm{R}_{i-1} \quad i=1,2,\cdots,16$$

$$\mathrm{R}_i \longleftarrow \mathrm{L}_{i-1} \oplus f(\mathrm{R}_{i-1}, k_i) \quad i=1,2,\cdots,16$$

其中，L_i 和 R_i 为第 i 轮迭代的左半部分和右半部分。DES算法迭代过程如图10.2所示。

2. DES算法关键操作

(1)初始置换、逆初始置换及其参数表。DES算法在加密前，首先执行一个初始置换操作，按照规定的初始置换表将64位明文的位置进行变换，得到一个乱序的64位明文。

经过16轮运算后，通过一个逆初始置换操作，按照规定的逆初始置换表将左半部分(32位)和右半部分(32位)合在一起，得到一个64位密文。

初始置换和逆初始置换并不影响DES的安全性，其主要目的是通过置换将明文和密文数据变换成字节形式输出，易于DES芯片的实现。

(2)密钥置换及其参数表。在64位密钥中，每个字节的第8位为奇偶校验位，经过密钥置换表置换后去掉奇偶校验位，实际的密钥长度为56位。

在每一轮运算中，将从56位密钥中产生不同的48位子密钥 K_i，这些子密钥按下述方式确定：

1)将56位密钥分成两部分，每部分为28位。

2)根据运算的轮数，按照每轮左移位数表将这两部分分别循环左移1位或2位。

3)按照压缩置换表从56位密钥中选出48位子密钥，它也称压缩置换或压缩选择。

(3)扩展置换及其参数表。按照扩展置换表将数据的右半部分 R_i 从32位扩展成48位，以便与48位密钥进行异或运算。

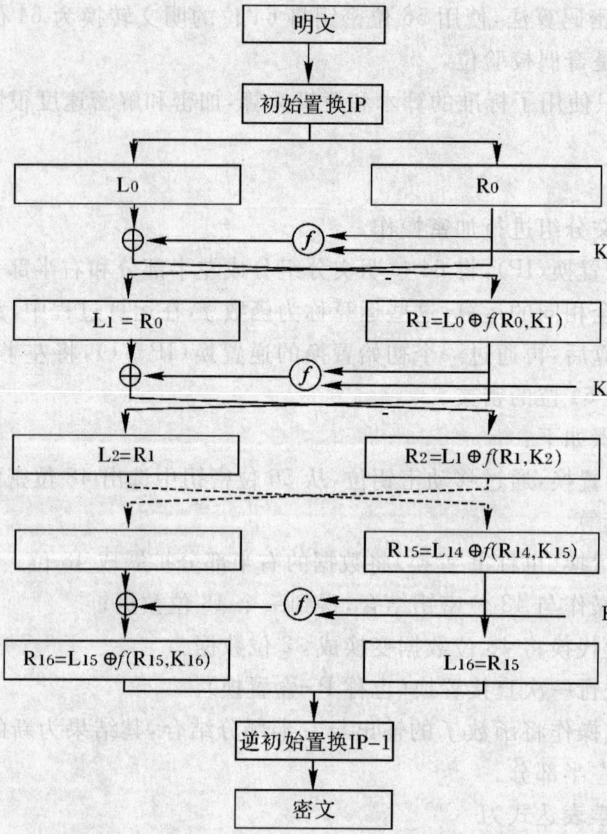

图 10.2 DES 算法迭代过程示意图

(4)S-盒代换及其参数表。按照 8 个 S-盒代换表将异或运算得到的 48 位结果变换成 32 位数据。每个 S-盒为一个非线性代换网络,有 6 位输入、4 位输出,并且每个 S-盒代换都不相同。48 位输入被分成 8 个 6 位组,每个组对应一个 S-盒代换操作。

S-盒代换是 DES 算法的关键步骤,因为所有其他运算都是线性的,易于被分析,而 S-盒代换是非线性的,其安全性高于其他步骤。

(5)P-盒置换及其参数表。S-盒输出的 32 位结果还要按照 P-盒置换表将异或运算得到的结果进行一次 P-盒置换,其中任何一位不能被映射两次,也不能省略。

最后,P-盒置换的结果与 64 位数据的左半部分进行一个异或操作,然后左半部分和右半部分进行交换,开始下一轮运算。

(6)DES 解密。DES 使用相同的函数来加密或解密每个分组,但两者的密钥次序是相反的。例如,如果每轮的加密密钥次序为 K_1,K_2,K_3,…,K_{16},则对应的解密密钥次序为 K_{16},K_{15},K_{14},…,K_1,并根据轮数密钥循环右移 1 位或 2 位。

10.1.3 DES 工作模式

DES 的工作模式有以下 4 种:

(1)电子密本(ECB)。

(2)密码分组链接(CBC)。

(3)输出反馈(OFB)。

(4)密文反馈(CFB)。

ANSI的银行标准中规定加密使用ECB和CBC模式,认证使用CBC和CFB模式。在实际应用中,经常使用ECB模式。在一些安全性要求较高的场合下,使用CBC模式,它比ECB模式复杂一些,但可以提供更好的安全性。

10.1.4　DES实现方法

DES算法有硬件和软件两种实现方法。硬件实现方法采用专用的DES芯片,使DES加密和解密速度有了极大的提高,例如,DEC公司开发的一种DES芯片的加密和解密速度可达1Gb/s,能在1 s内加密16.8M个数据分组,并且支持ECB和CBC两种模式。

还有一些DES芯片采用并行处理结构,在一个DES芯片中有多个可以并行工作的DES模块,并采用高速时钟,大大提高了DES加密和解密的速度。

软件实现方法的处理速度要慢一些,主要取决于计算机的处理能力和速度。例如,在80486微机上,每秒可处理43K个DES分组;在HP 9000/887工作站上,每秒可处理196K个DES分组。

在实际应用中,数据加密产品将引起系统性能的下降,尤其在网络环境下应用时,将引入很大的网络延时。为了在安全性和性能之间求得最佳的平衡,最好采用基于DES芯片的数据加密产品。

10.1.5　三重DES算法

为了提高DES算法的安全性,人们还提出了一些DES变型算法,其中三重DES算法(简称3DES)是经常使用的一种DES变型算法。

在3DES中,使用两个或三个密钥对一个分组进行三次加密。在使用两个密钥情况下,第一次使用密钥 K_1,第二次使用密钥 K_2,第三次再使用密钥 K_1;在使用三个密钥情况下,第一次使用密钥 K_1,第二次使用密钥 K_2,第三次再使用密钥 K_3。经过3DES加密的密文需要2 102次穷举搜索才能破译,而不是256次。3DES算法进一步加强了DES的安全性,在一些高安全性的应用系统中,大都将3DES算法作为一种可选的加密算法。

三重DES算法原理如图10.3所示。

10.1.6　DES安全性

对一个密码系统的评价尚无严格的理论和统一的标准,只能从抵抗现有密码分析手段的能力来评价一个密码系统的好坏。自从DES问世后,有很多的密码专家和研究机构对DES进行了大量的研究和分析,迄今为止还未找到破译DES的有效方法,经受住了近30年的公开挑战和攻击,包括差分密码分析和相关密钥密码分析等方法的攻击。因此,多数人认为DES算法的安全性是良好的。

也有人对DES提出了一些批评:DES的56位密钥可能太短、DES的迭代次数可能太少、S-盒可能存在不安全因素等。在1998年,有人利用一台高速计算机,使用穷举搜索法在56 h内破译了DES。因此,在一些基于DES的数据加密系统中,可以通过增加DES的密钥长度或采用3DES等方法来增强DES的安全强度。

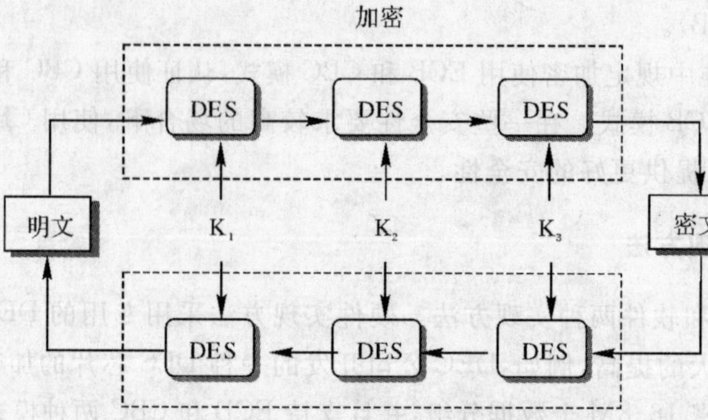

图 10.3 三重 DES 算法原理图

10.2 非对称密码算法

10.2.1 基本原理

非对称密码算法是指加密和解密数据使用两个不同的密钥，即加密和解密的密钥是不对称的，这种密码系统也称为公钥密码系统（Public Key Cryptosystem）。

公钥密码学的概念首先是由 Diffie 和 Hellman 两人在 1976 年发表的一篇著名论文：《密码学的新方向》中提出的，并引起很大的轰动。该论文曾获得 IEEE 信息论学会的最佳论文奖。

非对称密码算法将随机产生两个密钥：一个用于加密明文，其密钥是公开的，称为公钥；另一个用来解密密文，其密钥是秘密的，称为私钥。

公钥加密算法密钥传输过程如图 10.4 所示。

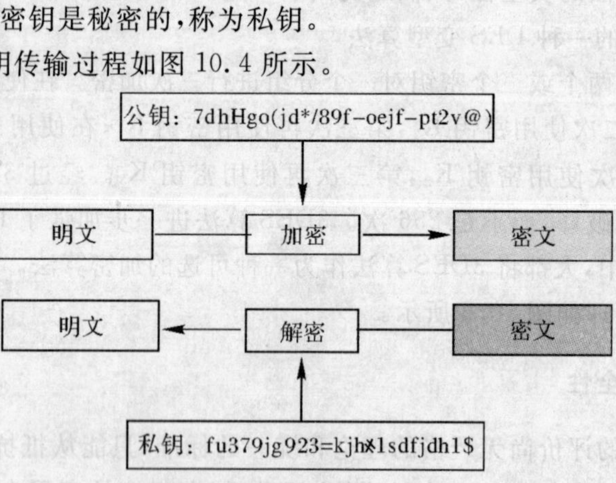

图 10.4 公钥加密算法密钥传输

如果两个人使用非对称密码算法传输机密信息，则发送者首先要获得接收者的公钥，并使用接收者的公钥加密原文，然后将密文传输给接收者。接收者使用自己的私钥才能解密密文。由于加密密钥是公开的，不需要建立额外的安全信道来分发密钥，而解密密钥是由用户自己保管的，与对方无关，从而避免了在对称密码系统中容易产生的任何一方单方面密钥泄露问题以及分发密钥时的不安全因素和额外的开销。

非对称密码算法的特点是安全性高，密钥易于管理，缺点是计算量大，加密和解密速度慢。因此，非对称密码算法比较适合于加密短信息。

在实际应用中，通常采用由非对称密码算法和对称密码算法构成混合密码系统，发挥各自的优势。使用对称密码算法来加密数据，加密速度快；使用非对称密码算法来加密对称密码算法的密钥，形成高安全性的密钥分发信道，同时还可以用来实现数字签名和身份验证机制。

在非对称密码算法中，最常用的是 RSA 算法。在密钥交换协议中，经常使用 Diffie－Hellman 算法。

10.2.2　RSA 算法

RSA 算法是用 3 个发明人 Rivest，Shamir 和 Adleman 的名字命名的，它是第一个比较完善的公钥密码算法，既可用于加密数据，又可用于数字签名，并且比较容易理解和实现。RSA 算法经受住了多年的密码分析的攻击，具有较高的安全性和可信度。

1. RSA 算法描述

RSA 的安全性基于大数分解的难度，其公钥和私钥是一对大素数的函数，从一个公钥和密文中恢复出明文的难度等价于分解两个大素数之和。

(1)两个密钥产生方法。

1)选取两个大素数：p 和 q，并且两数的长度相同，以获得最大程度的安全性。

2)计算两数的乘积：$n=p\times q$。

3)随机选取加密密钥 e，使 e 和 $(p-1)(q-1)$ 互素。

4)计算解密密钥 d，为满足 $ed\equiv 1 \bmod (p-1)(q-1)$，则 $d=e-1 \bmod [(p-1)(q-1)]$，d 和 n 也互素。

5)e 和 n 是公钥，d 是私钥。两个素数 p 和 q 不再需要，可以被舍弃，但绝不能泄漏。

(2)数据加密方法。

1)对于一个明文消息 m，首先将它分解成小于模数 n 的数据分组。例如，p 和 q 都是 100 位的素数，n 则为 200 位，每个数据分组 m_i 应当小于 200 位。

2)对于每个数据分组 m_i，按下列公式加密：$c_i=m_i\, e (\bmod\ n)$，其中 e 是加密密钥。

3)将每个加密的密文分组 c_i 组合成密文 c 输出。

(3)数据解密方法。

1)对于每个密文分组 c_i，按下列公式解密：$m_i=c_i\, d(\bmod\ n)$，其中 d 是解密密钥。

2)将每个解密的明文分组 m_i 组合成明文 m 输出。

现在举一个简单的例子来说明 RSA 方法：

(1)假设 $p=47$，$q=71$，则 $n22=p\times q=3\ 337$。

(2)选取加密密钥 e，如 $e=79$，且 e 和 $(p-1)(q-1)=46\times 70=3\ 220$ 互素(没有公因子)。

(3)计算解密密钥 $d=79-1 \bmod 3\ 220=1\ 019$，$d$ 和 n 也互素。

(4)e 和 n 是公钥，可公开；d 是私钥，须保密；丢弃 p 和 q，但不能泄露。

(5)假设一个明文消息 $m=6882326879666683$，首先将它分解成小于模数 n 的数据分组，这里模数 n 为 4 位，每个数据分组 m_i 可分成 3 位。m 被分成六个数据分组：$m_1=688$，$m_2=232$，$m_3=687$，$m_4=966$，$m_5=668$，$m_6=003$(若位数不足，左边填充 0 补齐)。

(6)现在对每个数据分组 m_i 进行加密：$c_1=688\ 79 \bmod 3\ 337=1\ 570$，$c_2=23\ 279 \bmod 3\ 337=2\ 756$，…。

(7)将密文分组 c_i 组合成密文输出：$c=1570\ 2756\ 2091\ 2276\ 2423\ 158$。

(8)现在对每个密文分组 c_i 进行解密：m_1＝15 701 019 mod 3 337＝688，m_2＝27 561 019 mod 3 337＝232，…。

(9)将每个解密的明文分组 m_i 组合成明文输出：m＝688232687966683。

2. RSA 实现方法

RSA 有硬件和软件两种实现方法。不论何种实现方法，RSA 的速度总比 DES 慢得多。因为 RSA 的计算量要大于 DES，在加密和解密时需要做大量的模数乘法运算。例如，RSA 在加密或解密一个 200 位十进制数时大约需要做 1 000 次模数乘法运算，提高模数乘法运算的速度是解决 RSA 效率的关键所在。

硬件实现方法采用专用的 RSA 芯片，最快的 512 位模数 RSA 芯片速度为 1Mb/s。同样使用硬件实现，RSA 比 DES 慢大约 1 000 倍。

软件实现方法的速度要更慢一些，与计算机的处理能力和速度有关。同样使用软件实现，RSA 比 DES 慢大约 100 倍。

3. RSA 安全性

在 RSA 问世后的近 30 年中，有很多的密码专家和研究机构对 RSA 进行了大量的研究和分析，迄今为止还未找到破译 RSA 的有效方法。

对于破译 RSA，穷举搜索法并不是有效的方法，主要采用分解因子的方法来分解 n。因为破译者手中有公钥 e 和模数 n，要找到解密密钥 d，则必须分解 n。由于分解因子问题是众所周知的数学难题，迄今为止还未找到分解因子的有效算法。这就是 RSA 算法的安全性基础。

然而，RSA 在理论上还存在一定的空白点，也就是不能确切地证明它的安全性。

并不排除这种可能性：可以找到一种破译 RSA 密码的有效算法，但找不到相应分解因子的快速算法。

另外，一些攻击者专门对 RSA 实现系统进行攻击，它们并不攻击 RSA 算法本身，而是设法攻击 RSA 实现上的弱点。根据一些成功的攻击经验，RSA 在使用上存在如下的限制：

(1)知道了对于一个给定模数的一个加/解密密钥指数对，攻击者就能分解这个模数。

(2)知道了对于一个给定模数的一个加/解密密钥指数对，攻击者无须分解 n 就能计算出其他的加/解密钥对。

(3)在网络环境下应用时，基于 RSA 的网络协议不应当使用公共模数。

(4)消息应当使用随机数填充，以避免对加密指数的攻击。

(5)解密指数应当足够大。

对于一个密码应用系统来说，密码算法、使用密码算法的协议以及使用协议的应用系统都必须是安全的，三者之中任何一个环节出现弱点都会危及整个应用系统的安全。因此，RSA 实现的细节也是很关键的。

10.2.3 Diffie－Hellman 算法

Diffie－Hellman 算法的数学基础是基于有限域的离散对数，有限域上的离散对数计算要比指数计算复杂得多。Diffie－Hellman 算法主要用于密钥分配和交换，不能用于加密和解密信息。

Diffie－Hellman 算法的基本原理是：首先 A 和 B 两个人协商一个大素数 n 和 g，g 是模 n 的本原元。这两个整数不必是秘密的，两人可以通过一些不安全的途径来协商，其协议如下：

(1)A 选取一个大的随机整数 x,且计算 $X=g^x \bmod n$,然后发送给 B。

(2)B 选取一个大的随机整数 y,且计算 $Y=g^y \bmod n$,然后发送给 A。

(3)A 计算 $k=Y^x \bmod n$。

(4)B 计算 $k'=X^y \bmod n$。

由于 k 和 k' 都等于 $g\ x\ y \bmod n$,其他人是不可能计算出这个值的,因为他们只知道 n,g,X 和 Y。除非他们通过离散对数计算来恢复 x 和 y。因此,k 是 A 和 B 独立计算的秘密密钥。

n 和 g 的选取对系统的安全性产生很大的影响,尤其 n 应当是很大的素数,因为系统的安全性取决于大数(与 n 同样长度的数)分解的难度。

基于 Diffie—Hellman 算法的密钥交换协议可以扩展到三人或更多的人。

10.3 数字签名算法

10.3.1 基本原理

在日常的社会生活和经济往来中,如签订经济合同、契约、协议以及银行业务等很多场合都离不开签名或盖章,它是个人或组织对其行为的认可,并具有法律效力。

在计算机网络应用中,尤其是电子商务中,电子交易的不可否认性是必要的,它一方面要防止发送方否认曾发送过消息;另一方面还要防止接收方否认曾接收过消息,以避免产生经济纠纷。提供这种不可否认性的安全技术就是数字签名。

数字签名包括消息签名和签名认证两个部分。对于一个数字签名系统必须满足下列条件:

(1)一个用户能够对一个消息进行签名。

(2)其他用户能够对被签名的消息进行认证,以证实该消息签名的真伪。

(3)任何人都不能伪造一个用户的签名。

(4)如果一个用户否认对消息的签名,可以通过第三方仲裁来解决争议和纠纷。

公钥密码系统为数字签名提供了一种简单而有效的实现方法。假如 A 向 B 发送一个消息 M,现使用基于公钥密码系统的数字签名方法对消息 M 进行签名和签名认证,其过程如下:

(1)A 使用自己的私钥加密消息 M,生成签名 S;

(2)A 将消息 M 和签名 S 发送给 B;

(3)B 使用 A 的公钥解密 S,恢复信息 M,并比较两者的一致性来验证签名。

数字签名算法密钥传输过程如图 10.5 所示。

基于公钥系统的数字签名系统与数据加密系统既有联系,又有所差别。

在数据加密系统中,发送者使用接收者的公钥加密所发送的数据,接收者使用自己的私钥来解密数据,目的是保证数据的机密性,但不验证数据。同时,它还要解决密钥分配和分发问题。

在数字签名系统中,签名者使用自己的私钥加密关键性信息(如信息摘要)作为签名信息,并发送给接收者,接收者则使用签名者的公钥来解密签名信息,并验证签名信息的真实性。

有些数字签名算法,如 DSA(Digital Signature Algorithm)本身不具有数据加密和密钥分配能力，主要通过变换计算来产生和验证签名信息。而有些数据加密算法， 如 RSA 则可用于数字签名。

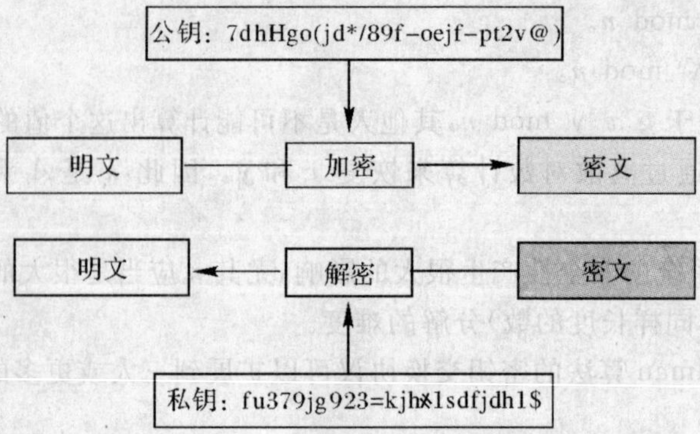

图 10.5 数字签名算法密钥传输

10.3.2 DSA 算法

DSA 是美国国家标准技术协会（NIST）在其制定的数字签名标准(DSS)中提出的数字签名算法。DSA 基于公钥体系，用于接收者验证数据完整性和数据发送者的身份，也可用于第三方验证签名和所签名数据的真实性。

在 DSS 标准中规定，数字签名算法应当无专利权保护问题，以便推动该技术的广泛应用，给用户带来经济利益。由于 DSA 无专利权保护，而 RSA 受专利保护。因此，DSS 选择了 DSA 而没有采纳 RSA。结果在美国引起很大的争论。一些购买 RSA 专利许可权的大公司从自身利益出发强烈反对 DSA，给 DSA 推广应用带来一定的影响。

1. DSA 算法描述

在 DSA 中，使用了以下的参数：

(1)p 是从 512 位到 1 024 位长的素数，且是 64 的倍数。

(2)q 是 160 位长且与 $p-1$ 互素的因子。

(3)$g=h\ (p-1)\ /\ q \bmod p$，其中 h 是小于 $p-1$ 并且满足 $h\ (p-1)\ /\ q \bmod p$ 大于 1 的任意数。

(4)x 是小于 q 的数。

(5)$y=g\ x \bmod p$。

在上述参数中，p,q 和 g 是公开的，可以在网络中被所有用户公用，x 是私钥，y 是公钥。

另外，在标准中还使用了一个单向散列函数 $H\ (m)$，规定为安全散列算法(SHA)。

现在介绍对消息 m 签名和 B 对签名的验证过程：

(1)A 产生一个小于 q 的随机数 k。

(2)A 对消息 m 进行签名：

$$r=(g^k \bmod p) \bmod q$$

$$s=\{k-1[H\ (m)+x\ y]\} \bmod q$$

r 和 s 是 A 的签名，并发送给 B。

(3)B 通过下列计算来验证签名：

$$w=s^{-1} \bmod q$$

$$i=[H\ (m)\times w]\ \bmod\ q$$
$$j=(r\times w)\bmod q$$
$$v=\{[g^i\times y^j]\bmod\ p\}\ \bmod\ q$$

如果 $v=r$,则签名有效。

在DSS标准中,还推荐了一种产生素数 p 和 q 的方法,它使人们相信尽管 p 和 q 是公开,但其产生方法具有可信的随机性,因此 DSA 是很安全的。

2. DSA 安全性

对 DSA 持反对意见的人怀疑 DSA 的安全性,认为 DSA 的密钥长度太短,最初的实现将模数设置为 512 位,它只能提供短期的、勉强合格的安全性。后来,NIST 将密钥长度调整为在 512 位和 1 024 位之间可变。从长远的安全性来看,1 024 位的密钥长度能够保证足够的安全性。

另外,有人发现在 DSA 中存在一种阈下信道(Subliminal Channels)。所谓阈下信道是指可以在签名中隐藏信息的秘密通道,只有知道该通道的人才能读取被隐藏的信息。显然,阈下信道可能成为 DSA 实现者设置后门的一种手段,当用户每次签名时,通过阈下信道可能泄露私人信息或私钥,造成很大的安全隐患。不过,NIST 对这种阈下信道的说法未作出评论。

总之,作为美国政府使用的数字签名标准中的 DSA 算法,其安全性是有保证的。

10.3.3　基于 RSA 的数字签名算法

虽然美国的数字签名标准中没有采纳 RSA 算法,但 RSA 的国际影响还是很大的,在 ISO 9796 标准中建议将 RSA 作为数字签名标准算法,业界也广泛认可 RSA。因此,RSA 已经成为事实上的国际标准。由于 RSA 的加密算法和解密算法是互为逆变换,所以可以用于数字签名系统。

假定用户 A 的公钥为 n 和 e,私钥为 d,M 为待签名的消息,A 的秘密(加密)变换为 D,公开(解密)变换为 E。那么 A 使用 RSA 算法对 M 的签名为

$$S\equiv D(M)\equiv M\ d(\bmod\ n)$$

用户 B 收到 A 的消息 M 和签名 S 后,可利用 A 的公开变换 E 来恢复 M,并验证签名:

$$E(S)\equiv(M\ d\ \bmod\ n)e\equiv M$$

因为只有 A 知道 D,根据 RSA 算法,其他人是不可能伪造签名的,并且 A 与 B 之间的任何争议都可以通过第三方仲裁来解决。

如果要求对一个消息签名并加密,每个用户则需要两对公钥:

(1) 公钥对 $k_1(n_1,e_1)$ 用于签名;

(2) 公钥对 $k_2(n_2,e_2)$ 用于加密,并且 $n_1<h<n_2$,h 是为避免重新分块问题而设置的阈值(例如 $h=10\ 199$)。

在这种情况下,其签名并加密过程如下:

(1) 用户 A 首先使用自己的私钥对消息 M 签名,然后使用用户 B 的加密公钥对签名加密:$C=EB_2(DA_1(M))$

(2) 用户 B 收到 C 后,首先使用自己的私钥来解密,然后使用用户 A 的签名公钥来恢复 M,并验证签名:

$$EA_1(DB_2(C\ ))=EA_1\{DB_2[EB_2(DA_1(M\ ))]\}=EA_1((DA_1(M\ ))=M$$

基于公钥体系的 RSA 算法不仅可以用于数据加密，还可以用于数字签名，并且具有良好的安全性，因此，在实际中得到广泛的应用，很多基于公钥体系的安全系统和产品大都支持 RSA 算法。

10.4 单向散列函数

10.4.1 基本原理

为了防止数据在传输过程中被篡改、伪造或重播，通常使用单向散列函数（即 Hash 函数）来保护数据的完整性。Hash 函数具有单向不可逆性，它赋予一个消息唯一的“指纹”，通过验证该消息的“指纹”就可以判别出该消息的完整性。Hash 函数非常精确，能够检查出数据在传输过程中所发生的任何变化。

在数据完整性保护中，一般采用加密短消息（如数据检查和）来证实数据来源的完整性，而不是对整段数据加密。发送者首先计算所发送数据的检查和，并使用 Hash 函数计算该检查和的散列值，然后将原文和散列值同时发送给接收者。

接收者使用相同的算法独立地计算所接收数据的检查和及其散列值，然后与所接收的散列值进行比较，如果两者不相同，则说明数据被改动，从而验证了数据的真实性与完整性。

当 Hash 函数 $H(M)$ 作用于一个任意长度的消息 M 时，将返回一个固定长度 m 的散列值 h，即 $h = H(M)$。并且 Hash 函数具有下述性质：

(1) 给定一个消息 M，很容易计算出散列值 h。

(2) 给定的散列值 h，很难根据 $H(M) = h$ 计算出消息 M。

(3) 给定一个消息 M，很难找到另一个消息 M 且满足 $H(M) = H(M')$。

在实际中，常用的 Hash 函数有 MD5，SHA 等。

10.4.2 MD5 算法

MD(Message Digest)系列算法都是美国 MIT 教授 Ron Rivest 设计的单向散列函数，包括 MD2，MD3，MD4 和 MD5，其中 MD5 是 MD4 的改进版，两者采用相类似的设计思想和原则，对于输入的消息，都产生 128 位散列值输出。但 MD5 比 MD4 复杂，安全性更高。

1. MD5 算法描述

MD4 和 MD5 算法都基于下述的设计目标：

(1)安全性。通过计算找到两个具有相同散列值的消息是不可行的，不存在比穷举搜索法更有效的攻击方法。同时，算法的安全性不基于任何假设，如因子分解的难度。

(2)简单性。算法尽可能简单，没有大的数据结构和复杂的程序。

(3)高速度。算法基于 32 位操作数的简单位操作，适合于高速软件的实现。

(4)适应性。算法非常适合微处理器结构，特别是 Intel 微处理器，其他大型的计算机需要作必要的转换。

MD5 算法以 512 位分组来处理输入的消息，每个分组又划分为 16 个 32 位子分组。算法的输出是 4 个 32 位分组，将它们级联起来形成一个 128 位的散列值。

MD5 算法的处理过程如下：

(1)消息填充。消息长度必须是一个512位的整数倍,如果不满足,则必须进行填充。

(2)变量初始化。初始化4个32位变量(称链接变量),十六进制表示:

$$A=0x01234567 \qquad B=0x89abcdef$$

$$C=0xfedcba98 \qquad D=0x76543210$$

(3)主循环。一次处理512位消息,循环次数是消息中512位分组的数目。每次循环有四轮,每轮循环使用一个非线性函数,共使用了4个非线性函数。每一轮运算基本相似,共有16次操作。每次操作对消息分组和链接变量进行一次非线性运算,共进行16次非线性运算。这4个非线性函数分别是:

$$F(X,Y,Z)=(X \wedge Y) \vee ((\neg X) \wedge Z)$$

$$G(X,Y,Z)=(X \wedge Z) \vee (Y \wedge (\neg Z))$$

$$H(X,Y,Z)=X \oplus Y \oplus Z$$

$$I(X,Y,Z)=Y \oplus (X \vee (\neg Z))$$

(4)输出结果。将最后输出的A,B,C,D级联起来,形成128位散列值输出。

2. MD5 安全性

MD5是MD4的改进版,将原来的三轮运算改成四轮,同时还增加了算法其他方面的复杂性。有人使用差分密码分析攻击了MD5的单轮,但这种攻击远未达到对全部四轮都有效的程度,对MD5的安全性没有太大的影响。因此,MD5的安全性是有保证的。

10.4.3　SHA算法

SHA(Secure Hash Algorithm)算法是NIST在安全散列标准(SHS)中提出的一种单向散列函数,该算法可以与数字签名标准一起使用,也可以应用于其他需要SHA的各种场合。

在SHS中,定义了用于保证DSA安全的单向散列函数SHA。当一个长度小于264位的消息输入时,SHA产生一个160位的散列输出,称为消息摘要(Message Digest)。然后再将摘要输入到DSA中,对该摘要进行签名。由于消息摘要比消息小得多,可以提高签名的处理效率。同时还增强了数字签名的安全性。SHA产生一个160位的散列值,比128位的MD5散列值长。

1. SHA 算法描述

SHA与MD5算法相类似,也是以512位分组来处理输入的消息,每个分组又划分为80个32位子分组(从16个32位子分组扩展成80个32位子分组)。它的输出是5个32位分组,将它们级联起来形成一个160位散列值。

SHA算法的处理过程如下:

(1)消息填充。消息长度必须是一个512位的整数倍,如果不满足,则必须进行填充。其填充方法与MD5完全相同。

(2)变量初始化。初始化5个32位变量(MD5为4个变量),其十六进制表示为

$$A=0x67452301 \qquad B=0xefcdab89 \qquad C=0x98badcfe$$

$$D=0x10325476 \qquad E=0xc3d2e1f0$$

(3)算法主循环。一次处理512位消息,循环次数是消息中512位分组的数目。循环次数是消息中512位分组的数目。每次循环有四轮,每轮循环使用一个非线性函数,共使用了四个非线性函数。每一轮运算基本相似,共有20次操作(MD5为16次操作)。每次操作对链接变

量和消息分组进行1次非线性运算,共进行20次非线性运算。这4个非线性函数分别是:

$$Ft\ (X,Y,Z)=(X\wedge Y)\vee((\neg X)\wedge Z),t=0\sim19$$

$$Ft\ (X,Y,Z)=X\oplus Y\oplus Z,t=20\sim39$$

$$Ft\ (X,Y,Z)=(X\wedge Y)\vee(X\wedge Z)\vee(Y\wedge Z),t=40\sim59$$

$$Ft\ (X,Y,Z)=X\oplus Y\oplus Z,t=60\sim79$$

(4)输出结果。将最后输出的A,B,C,D和E级联起来,形成160位散列值输出。

2. SHA安全性

SHA模拟了MD4算法,但比MD4的安全性高,可以将SHA看做是MD4的改进版。另外,SHA是160位的散列函数,比128位的MD5或其他散列函数更能抵抗穷举搜索攻击或其他方法攻击。因此,SHA的安全性是有保证的。

10.4.4 MAC算法

MAC (Message Authentication Code)是一种与密钥相关的单向散列函数,称为消息鉴别码。MAC除了具有与上述的单向散列函数同样的性质外,还包括一个密钥。只有拥有相同密钥的人才能鉴别这个散列,这对于没有保密情况下提供消息的可鉴别性是非常有用的。

MAC既可用于验证多个用户之间数据通信的完整性,也可用于单个用户鉴别磁盘文件的完整性。对于后者,用户首先计算磁盘文件的MAC,并将MAC存放在一个表中。如果用户的磁盘文件被黑客或病毒修改,则可以通过计算和比较MAC来鉴别出来。同时,由于MAC受到密钥的保护,黑客并不知道该密钥,从而防止了对原来MAC的修改。

如果使用单纯的Hash函数,则黑客在修改文件的同时,也可能重新计算其散列值,并替换原来的散列值,这样磁盘文件的完整性得不到有效的保护。

将单向散列函数转换成MAC可以通过对称加密算法加密散列值来实现。相反,将MAC转换成单向散列函数只须将密钥公开即可。

MAC算法有很多种,常用的MAC是基于分组加密算法和单向散列函数组合的实现方案。可以有两种组合方案:一是先散列消息,然后再加密散列值;二是先加密消息,然后再散列密文。两者相比,前者的安全性要高得多。

例如,在CBC－MAC方法中,首先使用分组加密算法的CBC或CFB模式加密消息,然后计算最后一个密文分组的散列值,再用CBC或CFB模式加密该散列值。CBC－MAC方法被ISO 8731－1,ISO 9797和ANSI X9.9等国际标准所采纳。

10.5 身份认证技术

10.5.1 基本原理

在现实的社会和经济生活中,每个人都必须具有能够证明个人身份的有效证件,如身份证、护照、驾驶执照、工作证和信用卡等,在身份证件上应当包括个人信息(如姓名、性别、出生年月、住址等)、个人照片、证件编号和权威发证机构签章等,目的是防止身份假冒和欺诈。身份欺诈手法多种多样,下文介绍几种典型的身份欺诈手法。

(1)象棋大师问题:A不懂象棋,但可向象棋大师B和C同时发出挑战。比赛在同一时间和地点，但不在同一房间进行，并且B和C之间互不见面。

A与B之间，A执黑棋，B执白棋；A与C之间，A执白棋，B执黑棋。首先B执白棋先下一步，A记住后走到另一个房间下同样一步，然后等待C执黑棋下一步，A记住后又去对付B，以此类推。其比赛结果可能是：A赢一盘并输一盘，或者两盘均平局。这是一种中间人欺诈。

(2)黑手党骗局：A在一家由黑手党成员B开设的饭馆吃饭，黑手党另一个成员C正在D的珠宝店买珠宝，B和C之间有秘密的无线通信联络，而A和D并不知道其中有诈。A向B证明A的身份并准备付账，B向C发出信号准备实施欺诈活动。A向B出示身份证明，B用无线通信告诉C，C向D执行同样的协议，D向C询问问题时，C经B向A询问同一问题，B再将A的回答告诉C，C再回答D。实际上，经过B和C两个中间人完成A向D的身份证明，实现了C向D购买了珠宝，而把账记在A的账户上。这是一种中间人B和C合伙的欺诈。

(3)恐怖分子欺诈：假设B是一名恐怖分子，A要帮助B进入某个国家，C是该国移民局官员。A和B之间有秘密的无线通信联络，合伙欺骗C。C向B询问问题时，B用无线通信告诉A，再由B复述给C。实际上，A向C证明身份，C认为B是A并允许入境。这是一种A和B合伙的欺诈。

(4)多身份欺诈：A首先创建多个身份并公布，其中之一从未使用过。然后以该身份作案，并只用一次，除了目击者外无人知道犯罪人的真实身份，并且由于A不再使用该身份，因此A很难被发现。这就是多个身份的欺诈。

为了防止身份欺诈，必须采用有效的身份认证系统（Identity Authentication System）对身份进行严格的验证。身份认证系统有两方认证和三方认证两种形式。

两方认证系统由申请者和验证者组成，申请者出示证件，提出某种要求；验证者检验申请者所提供证件的合法性和有效性，以确定是否满足要求。

三方认证系统除了申请者和验证者外，还有一个仲裁者，由双方都信任的人充当纠纷的仲裁者和调节者。另外，在身份认证系统中还有一方，即攻击者，他可以伪装申请者，骗取验证者的信任。

身份认证也称实体认证(Entity Authentication)，它与消息认证的差别在于，消息认证本身不提供时间性，而实体认证一般都是实时的。另外，实体认证通常是证实实体本身，而消息认证除了证实消息的合法性和完整性外，还要知道消息的含义。因此，身份认证系统的基本要求是：

(1)可识别率最大化。验证者正确识别合法申请者身份的概率最大化。

(2)可欺骗率最小化。攻击者伪装申请者欺骗验证者的成功率要小到几乎可以忽略的程度。

(3)不可传递性。验证者不能用申请者提供的信息来伪装申请者，以骗取其他人的验证，并得到信任。

(4)计算有效性。实现身份认证所需计算量要小。

(5)省通信带宽。实现身份认证所需的通信次数和数据量要小。

(6)安全存储。实现身份认证所需的秘密参数能够安全地存储。

(7)相互认证。有些应用场合要求双方能够互相进行身份认证。

(8)第三方可信赖性。第三方必须是双方都信任的人或组织。

(9)第三方在线服务。第三方通常提供实时在线认证服务，如网上证书查询服务等。

(10)可信安全性。身份认证系统所使用的算法的安全性是可证明的，也是可信任的。

在网络系统环境中，身份认证是非常重要的，一般操作系统都提供了基于用户名和口令(Password)的身份认证方法，这也是最常用的身份认证方法。在电子银行、电子证券、电子商务等电子交易系统中，则需要更复杂、更安全的用户身份证明和认证机制，如数字证书、电子ID卡、一次性密码等。

10.5.2 基于口令的身份认证

口令是一种根据已知事物验证身份的方法，也是应用最广泛的身份认证法。在一般的计算机系统中，通常口令由5~8个字符串组成，其选择原则是易记忆、难猜中和抗分析能力强。同时，还要规定口令的选择方法、使用期限以及口令长度等。

在计算机操作系统中，口令是一种最基本的安全措施。每个用户都要预先在系统中注册一个用户名和口令，以后每次用户登录时，系统都要根据用户名及其口令来验证用户身份的合法性，对于非法的口令，系统将拒绝该用户登录系统。

口令可以由用户个人选择，也可以由管理员分配或系统自动产生。在一般情况下，口令最好由用户个人选择。

防止口令泄露是保证系统安全的关键环节。口令泄露主要有以下几方面原因：

(1)用户保管不善或被攻击者诱骗而无意中泄露。

(2)在操作过程中被他人窥视而泄露。

(3)被攻击者推测猜中而泄露。

(4)在网上传输未加密口令时被截获而泄露。

(5)在系统中存储时被攻击者分析出来而泄露等。

防止口令泄露的主要措施有：

(1)用户必须妥善地保管自己的口令。

(2)口令应当足够长，并且最好不要使用诸如名字、生日、电话号码等公开的和规律性的信息作为口令，以防止口令被攻击者轻易地猜中。

(3)口令应当经常更换，最好不要长期固定不变地使用一个口令。

(4)口令必须加密后才能在网络中传输或在系统中存储，并且口令加密算法具有较高的抗密码分析能力。

(5)在安全性要求较高的应用场合应当采用一次性口令技术，即使口令被攻击者截获，下次也不能使用。

从技术的角度，口令认证系统必须提供口令存储、传输、验证以及管理等措施。

1. 口令存储

通常，口令不能以明文形式存储在计算机系统中，必须通过加密才能存储。例如，Unix系统中采用DES密码算法对口令加密存储，它以用户口令的前8个字符作为DES的密钥，对一个常数进行加密，经过25次迭代后，将所得的64位结果变换成11个可打印的字符串，并存储在系统的字符表中。

根据有关的实验研究表明，使用穷举搜索法从95个可能的打印字符中筛选出4个字符只需几个小时。因此，口令长度小于5个字符是不安全的。

很多系统采用单向散列函数对口令加密存储，即使攻击者得到散列值，也无法推导出口令的明文。

2. 口令传输

在网络环境下,口令认证系统通常采用客户/服务器模式。由服务器统一管理网络用户的账户,对用户身份进行认证。这时,用户从客户机上输入的口令要传送到服务器上进行验证。为了解决口令在网上传输过程中的泄露问题,通常采用双方默认的加密算法或单向散列函数对口令加密后再传输。

3. 口令验证

口令认证系统得到用户输入的口令后,与预先存储的该用户口令相比较,如果两者一致,则该用户的身份得到了验证。在某些系统中,需要双方相互认证,不仅系统要检验用户的口令,用户也要求检验系统的口令,只有双方的身份都通过认证后,才能开始执行后续的操作。

4. 口令管理

在网络操作系统中,通常为管理员提供了口令管理工具,可以用来对用户口令设置一些限制性措施,如口令最小长度、定期改变的周期、口令唯一性和口令到期后宽限的登录次数等。

在一些系统中,为了解决口令短而带来的不安全问题,采用了在短口令后填充随机数的方法。例如在一个 4 个字符的口令后填充 40 位随机数,构成一个较长的二进制序列进行加密处理,大大提高了口令的安全性。

10.5.3 基于一次性口令的身份认证

在证券、银行以及保险等一些行业中都提供了电话委托业务,用户可以通过电话委托实现交易。由于用户是使用电话机来输入包括口令在内的相关信息的,这些信息不可能通过加密方式来保护,必须以明文方式在电话网中传输。如果不采取其他保护措施的话,则可能发生因电话被监听而泄露口令的问题。

现在以证券公司为例来考察一下电话委托业务过程。

1. 未加保护的电话委托过程

(1)用户在证券公司注册账号和口令。

(2)用户使用电话机拨通证券公司账号服务器,请求电话委托业务。

(3)证券公司账号服务器通过电话语音提示用户输入账号和口令。

(4)用户的账户和口令以明文方式通过电话线传输到证券公司账号服务器。

(5)证券公司账号服务器验证用户的账户和口令后,允许用户通过电话提交委托业务。

这里存在着严重的安全隐患,如果有人利用电话线监听到用户账户和口令,则可以轻而易举地进入用户账户中实施犯罪活动,而且难以发现,这不但给用户带来很大的经济损失,而且给开展电话委托业务的公司带来官司和信誉危机。

2. 基于一次性口令的电话委托过程

(1)用户在证券公司注册账号和口令(注册口令)。

(2)用户使用电话机拨通证券公司账号服务器,并请求电话委托业务。

(3)证券公司账号服务器通过电话语音提示用户输入账号。

(4)证券公司账号服务器随机生成一个中间口令,并通过电话语音提示给用户。

(5)用户将中间口令和注册口令一起输入到一个事先配备的密码计算器中计算出一个随机口令,然后通过电话线传输到证券公司账号服务器。

(6)证券公司账号服务器收到用户的随机口令后,以同样的方法计算出随机口令,并比较两者的一致性。如果两者是一致的,则允许该用户通过电话提交委托业务。

由于用户的注册口令保留在证券公司账号服务器和用户自己手中,因而不在电话线中传输,不存在被监听问题。在电话线中传输的是中间口令和随机口令,它们都是随机生成的,并且只能使用一次,电话收线后再次连接时,系统将会重新随机生成新的中间口令和随机口令,原来的中间口令和随机口令没有任何用处。

并且随机口令是采用单向散列函数生成的,不能通过随机口令推导出注册口令,即使被监听到也没有用处。因此,在电话委托业务中,使用一次性口令认证系统能够防止因电话线监听而带来的安全风险,具有较高的安全性。

在这种口令认证系统中,每个用户都需要配备一个基于单向散列函数的密码计算器,专门用于计算随机口令。单向散列函数可以采用 MD5 或 SHA 算法实现。

可见,一次性口令认证系统采用"一次一密"的方法能够有效地防止口令监听和传输泄露问题,并且采用单向散列函数来加密口令,具有较高的抗密码分析能力。

10.5.4 基于数字证书的身份认证

数字证书 (Digital Certificate)是标志一个用户身份的一系列特征数据,其作用类似于现实生活中的身份证。最简单的数字证书包含一个公钥、用户名以及发证机关的数字签名等。通过数字证书和公钥密码技术可以建立起有效的网络实体认证系统,为网上电子交易提供用户身份认证服务。

ISO 定义了一种实体认证框架,称为 X.509 协议。它提供了网间实体认证功能,允许选择和使用包括 RSA 算法在内的多种加密和散列函数来实现认证功能。在 X.509 协议中,最重要的部分是规定了一种数字证书格式,称为 X.509 证书。证书格式如图 10.6 所示。

(1)版本号:证书的版本号。

(2)序列号:每个证书都有一个唯一的证书序列号。

(3)算法标识:对证书签名的算法及其参数,如 RSA 算法等。

(4)发行机构名称:证书发行机构(CA)的名称,命名规则一般采用 X.500 格式。

(5)有效期:证书有效的时间段,由起始日期和终止日期组成。

(6)用户名:证书所有人的名称,命名规则一般采用 X.500 格式。

(7)用户公钥信息:证书所有人的公钥信息,包括算法、参数和公钥。

(8)签名:CA 对证书的签名。

版本号
序列号
算法标识;算法和参数
发行机构名称
有效期:起始日期和终止日期
用户名
用户公钥信息:算法、参数和公钥
签名

图 10.6 X.509 数字证书格式

数字证书是由权威的证书发行机构发放和管理的,证书发行机构也称为认证中心(CA)。

数字证书发放过程如下：

(1)用户产生了自己的密钥对，然后将公钥及有关个人身份信息传送给一个证书认证中心。

(2)认证中心在核实用户身份后，发给该用户一个含有认证中心签名的数字证书，表示认证中心对该用户身份及其公钥的认可。

当该用户被要求提供身份证明以及公钥合法性时，可以提供这一个数字证书。

在基于数字证书的身份认证系统中，证书的可信度非常重要，它与CA的可信度密切相关。

如果两个用户持有同一CA签发的证书，其证书验证过程比较简单，只须验证证书上CA签名即可。

如果两个用户持有不同CA签发的证书，那么，其证书验证过程要复杂得多。这需要采用适当的CA信任模型来建立CA之间的信任关系，可以考虑一种树型结构，顶级是一个根CA，每个CA都要从它的上一级获取证书，并存放由下级CA签发的所有证书。

假如用户A的证书由CA_4签发，用户B的证书由CA_3签发，CA_4的证书由CA_2签发，而CA_2和CA_3的证书都是由CA_1签发的，即CA_1是双方共同信任的CA。如果A和B相互验证对方的证书，则必须沿着证书树回溯找到CA_1，通过CA_1来验证对方的证书。A和B之间的身份认证可采用单向或双向认证协议来实现。

图10.7为持不同CA证书的用户证书验证过程示意图。

1. 单向认证协议

单向认证协议是一方到另一方(如从A到B)的单向通信，它除了提供双方身份的证明外，还能提供通信过程中的信息完整性以及防止任何重播攻击。

(1)A产生一个随机数R_A，作为一个消息的标识符。

(2)A构造一条消息M_A，$M_A=(T_A,R_A,I_B,d)$，其中T_A是A的时间标记，I_B是B的身份证明，d是任意一条数据消息。为了安全起见，数据可用B的公钥EB加密。

(3)A将$M_A=(C_A,D_A(M_A))$发送给B，C_A是A的证书，$D_A(M_A)$是用A的私钥D_A加密后的消息M_A。

(4)B收到$M_{A'}$后，确认C_A有效，并得到A的公钥E_A。

(5)B用E_A解密$D_A(M_A)$，这样，既证明了A的身份，又验证了A所签发消息的完整性。

(6)B检查M_A中的I_B，确认该消息是发给自己的。

(7)B检查M_A中的T_A，确认该消息是刚发送来的。

(8)B检查M_A中的R_A，确认该消息不是旧消息重播。

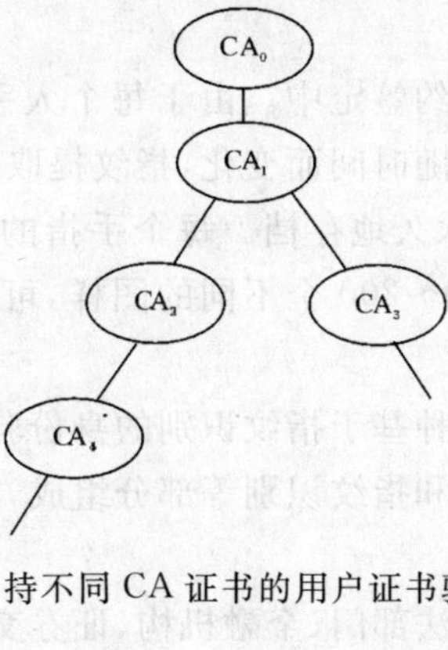

图10.7 持不同CA证书的用户证书验证过程

2. 双向认证协议

双向认证协议是在单向认证协议上增加了反向应答，并保证应答发送者的身份真实性，同时还能提供双方通信的机密性，并可防止重播攻击。

(1)～(8)步同上。

(9)B 产生另一个随机数 R_B，作为一个应答消息的标识符。

(10)B 构造一条消息 M_B，$M_B=(T_B,\ R_B,\ I_A,\ R_A,\ d)$，其中 T_B 是 B 的时间标记，I_A 是 A 的身份证明，R_A 是 A 产生的随机数，d 是任意一条数据消息。为了安全起见，数据可用 A 的公钥 E_A 加密。

(11)B 将 $D_B(M_B)$ 发送给 A，$D_B(M_B)$ 是用 B 的私钥 DB 加密后的消息 MB。

(12)A 收到 $D_B(M_B)$ 后，用 EB 解密 $D_B(M_B)$，这样，既证明了 B 的身份，又验证了消息的完整性。

(13)A 检查 M_B 中的 I_A，确认该消息是发给自己的。

(14)A 检查 M_B 中的 T_B，确认该消息是刚发送来的。

(15)A 检查 M_B 中的 R_B，确认该消息不是旧消息的重播。

证书可以存放在一个网络数据库中，并通过一个公共目录来发布，用户可以利用公共目录来查询和交换证书。当一个证书被撤销后，应当从公共目录中删除该证书，但在签发该证书的 CA 中仍要保留该证书的副本，以便以后解决可能引起的纠纷。

10.5.5 基于个人特征的身份认证

在刑事案件侦破中，经常利用人的生理特征来确认一个人的身份。这种基于个人特征的身份认证技术具有可信度高、随身携带、难以伪造等特点。表征个人身份的特征有很多，如容貌、肤色、头发、身材、手印、指纹、脚印、唇印、口音、体味、视网膜、遗传因子(DNA)、血型、笔迹、习惯动作等。

在这些个人特征中，有些特征将会随着时间而变化，如容貌、身材、口音等。有些特征将终生不变，如 DNA、视网膜、指纹、血型等。并不是所有的个人特征都适合作为验证个人身份来使用，有些验证方式难以被人们接受，如唇印、足印等；有些个人特征识别率低，如可变的特征；有些个人特征识别率高，但难以实现或实现成本过高，如血型、DNA 等。因此，基于个人特征的身份验证系统应当具有如下的特点：个人特征强、样本易采集、识别率高、实现成本低、易推广使用。

常用的基于个人特征的身份验证技术有：

1. 指纹验证

指纹很早就用于侦察破案和契约签定中。由于每个人手指的皮肤纹路图都是不相同的，相同的可能性不到 10^{-10}，且形状不随时间而变化，指纹提取也非常方便。因此，指纹是一种准确而可靠的身份验证手段，并可以永久地存档。每个手指的纹路可分成两大类：环状和涡状，每类根据细节和发叉等又可分成 50～200 个不同的图样，可通过专家或专用仪器对指纹进行分析和鉴别。

计算机指纹自动识别系统是一种基于指纹识别的身份验证系统，它主要由指纹阅读器、指纹图样压缩、指纹数据库、指纹检索和指纹识别等部分组成，能够存储数百万个指纹，具有很高的识别率和处理能力。

指纹自动识别系统可应用于执法部门、金融机构、证券交易、驾驶执照、社会保险及安全入口等领域的身份验证，效果良好。

在市场上还有指纹门锁和门禁系统，可应用于楼宇和家庭保安系统中。

2. 语音验证

每个人的语音都各有特点，人对语音的识别能力是很强的，即使在有干扰的环境中也能很好地分辨出熟人的声音。因此，语音具有良好的个人特征，可用于个人身份验证。计算机语音识别系统可以有多种用途，如语音输入、身份验证等。在基于语音的身份验证系统中，将每个人的短语语音分解成各种特征参数，并存储在语音数据库中，如果每个人的语音参数不完全相同，则可以实现个人身份验证。语音识别的差错率一般在0.8%～1.0%左右。基于语音的身份验证系统在军事和商业等领域中得到一些应用。

3. 视网膜图样验证

人的视网膜血管的图样具有良好的个人特征。人们已研制了这种识别系统，其基本方法是利用电子光学仪器将视网膜血管图样记录下来，然后对图样进行压缩编码，存放在数据库中。根据对图样的节点和分支的分析和检测结果进行分类识别。这种识别系统的识别差错率几乎为0，可靠性很高，但成本也很高，主要用于军事和银行等一些身份验证要求严格的场合。

4. 虹膜图样验证

虹膜是眼球角膜和晶体之间的环形薄膜，其图样具有良好的个人特征，并且可以提供比指纹更加细致的信息。虹膜采样比视网膜采样更加方便，易被人们接受。这种识别系统的识别差错率为1/133 000，可靠性很高，同样成本也很高。可用于安全入口、接入控制、ATM机、信用卡以及护照等领域中的身份验证，在美国已研制出这样的产品。

在基于个人特征的身份验证技术中还有手写体验证（电子签名）、脸型验证等，并已经研制出相应的产品。这些技术在采样方法、识别差错率、实现成本等方面还存在着这样或那样的问题，有待于进一步的改进。

第 11 章 信息安全工程

11.1 基本概念

信息安全工程是指采用工程化、模型化、规范化和标准化方法开发信息安全产品或实施信息安全工程。按照信息安全工程的观点，开发一个信息安全产品应当经历下述几个阶段(生命周期)：

(1)安全需求分析。包括风险分析、需求分析和安全策略等。

(2)安全系统设计。包括系统体系结构、安全机制、安全服务、安全规范和标准等。

(3)安全系统实现。采用硬件和软件方法去实现目标系统，采用工程化方法控制系统开发进度和质量。

(4)安全系统测评。包括性能测评、安全性测评、漏洞扫描等。

(5)安全系统运行。包括安全监管、系统维护、产品升级、应急响应和灾难恢复等。

信息安全工程与软件工程有联系又有区别，比开发一般软件产品要求高得多。

信息安全工程将涉及信息安全标准化、信息安全评估标准、信任度评估方法和形式化安全模型等理论问题。

11.1.1 信息安全标准化

为了确保信息安全产品在开放的网络环境中能够互操作，一些国际组织制定了有关信息安全的国际标准，例如：国际标准化组织(ISO)和国际电子技术委员会(IEC)有关开放系统互连（OSI）环境的安全标准、国际电信联合会（ITU）有关数据通信网的安全标准、国际电气电子工程师协会（IEEE）有关局域网（LAN）的安全标准、IETF 有关 Internet 的安全规范等。

11.1.2 信息安全评估标准

信息安全产品不同于其他信息产品，必须经过权威认证机构的评估和认证后才能进入市场，被用户所接受。权威认证机构在评估和认证安全产品时必须遵循被广泛认可的评估标准或准则，以实现产品评估的公正性和一致性。因此，世界各国根据本国国情制定了有关信息安全标准和法规，规范了对信息安全产品的评估和认证。

由于各国对信息安全产品等级划分和评定标准存在着认识上的差异，使这些标准之间存在着兼容性问题。为了实现信息安全产品评估标准的国际化，美国、加拿大、英国、德国、法国和荷兰等六国联合制定了信息技术安全评估公共准则(CC)，并已获得 ISO 的批准，成为信息技术安全评估的国际标准。

11.1.3 信任度评估方法

对于安全产品来说，其信任度评估也是重要的，它直接关系到用户对安全产品的信任程度。国际上提出一种面向工程过程的信任度评估方法，即系统安全工程能力成熟度模型(SSE－CMM)来评估一个组织或企业从事安全工程或开发安全产品的能力，从而建立对该组织所开发安全产品的信任度，以简化对安全产品的认证实践，加快了安全产品的测评过程。

11.1.4　形式化安全模型

形式化安全模型是信息安全理论研究的基础，也是描述和验证一个系统安全性的基本方法。在信息安全评估公共准则中，高安全级别系统都要求具有形式化安全模型的应用。因此，形式化安全模型对于精确地描述和验证一个系统安全性和安全策略是不可缺少的。

信息安全模型大致可以分成访问控制模型、信息流模型、信息完整性模型和分布式应用模型等，分别侧重于某一方面的安全性。

11.2　信息安全标准化

11.2.1　国际组织制定的有关安全标准

1. ISO 的有关安全标准

ISO 和 IEC 制定了一系列有关信息和网络安全的标准，其中包括安全算法、安全机制、安全协议、安全管理和网络安全等方面，下面列出一些有代表性的安全标准。

(1)安全算法标准。

ISO/IEC 10118－1:单向散列函数部分 1，通用模型。

ISO/IEC 10118－2:单向散列函数部分 2，使用 n 位块密码算法的单向散列函数。

ISO/IEC 10118－3:单向散列函数部分 3，专用的单向散列函数。

(2)安全机制标准。

ISO/IEC 10116:n 位块密码算法的操作模式(加密机制)。

ISO/IEC 9798－1～9798－5:实体认证的通用模型和使用各种认证算法的认证机制(实体认证机制)。

ISO/IEC 9797:使用加密检查功能的数据完整性机制(完整性机制)。

ISO/IEC 14888－1～14888－3:数字签名的通用模型、基于身份的机制和基于证书的机制(数字签名机制)。

ISO/IEC 13888－1～13888－3:不可否认的通用模型、基于对称的和非对称密码算法的机制(不可否认机制)。

(3)安全协议标准。

ISO /IEC 9594－8:认证框架，定义了各种强制性的认证机制和框架结构。

(4)安全管理标准。

ISO/IEC 11770－1～11770－3:密钥管理框架、使用对称的和非对称密码算法的密钥管理机制。

(5)网络安全标准。

ISO/IEC 7498－2:OSI 安全结构,定义了基于 OSI 层次结构的安全机制和安全服务。

ISO/IEC 10181－1～10181－7:OSI 安全框架、实体认证框架、访问控制框架、不可否认性框架、完整性框架、机密性结构和安全审计框架等。

(6)安全评估标准。

ISO/IEC 15408:信息技术安全评估公共准则(CC),为相互独立的机构对相同信息安全产品的评估提供了可比性。

2. ITU 的有关网络安全标准

ITU 针对数据通信网的安全问题制定了有关网络安全标准,它与 ISO 安全标准是相对应的,例如:

ITU X.800:安全结构,与 ISO 7498－2 相对应。

ITU X.509:认证框架,与 ISO 9594－8 相对应。

ITU X.816:安全框架,与 ISO 10181 相对应。

3. IETF 的有关网络安全标准

IETF 针对 Internet 的安全问题制定了一系列有关网络安全标准,并以 RFC 文档形式公布,例如:

IETF RFC－1825:IP 协议安全结构。

IETF RFC－2401～RFC 2412:IP 安全协议。

IETF RFC－2246:传输层安全协议。

IETF RFC－2246:安全电子邮件协议(S/MIME)。

IETF RFC－2659～RFC 2660:有关安全 HTTP 协议(S－HTTP)。

IETF RFC－2559:Internet X.509 公钥基础结构操作协议。

4. IEEE 的有关局域网安全标准

IEEE 针对局域网安全问题制定了有关互操作局域网的安全规范,并作为 IEEE 802.10 标准。该标准包括数据安全交换、密钥管理以及有关网络安全管理等规范。IEEE 还制定了有关公钥密码算法的标准(IEEE P1363)。

11.2.2 各国政府制定的有关安全标准

世界各国都根据本国的国情制定了有关信息安全标准,规范了信息安全产品的评估和认证。在信息安全标准中,大致可分成两大类:信息安全技术标准和信息系统安全评价标准。

1. 信息安全技术标准

信息安全技术标准主要涉及数据加密、数字签名以及实体认证等标准。美国是开展信息安全技术研究最早的国家,并处于领先水平。在美国,美国国家标准技术协会(NIST,即原美国国家标准局)、美国国家标准协会(ANSI)、美国国防部(DoD)和美国安全局(NSA)都从不同的角度制定了有关信息安全的标准。

NIST 在信息处理标准(FIPS)中公布的有关信息安全标准作为美国联邦政府标准,供美国联邦政府各个部门使用,标准号以 FIPS 为标志头,主要有数据加密、数据认证、密钥管理、数字签名以及实体认证等标准。

ANSI 所制定的信息安全标准主要有信息加密标准和银行业务安全标准等,ANSI 作为

ISO 的美国政府代表，参与 ISO 有关信息安全标准的制定工作。因此，很多 ISO 标准都来源于 ANSI 标准。

其他国家的信息安全标准基本上是参照 ISO 标准和美国标准而制定的，只是在细节上略有不同。

在实施信息安全的政策上，各个国家有所不同。

美国对密码实施严格控制，密码产品的输出必须得到美国国防部的批准，并且国内使用的密码不能输出。

欧洲各国对密码控制比较宽松，允许公开讨论和自由交易，但具体密码算法不公开。

中国将密码分成两类：学术密码和实用密码，前者可自由讨论；后者属于国家机密，必须经过有关管理部门批准后才能使用，且不允许公开讨论。

2. 系统安全评价标准

安全产品必须经过权威认证机构的评估和认证后才能进入市场。认证机构在评估安全产品时必须遵循一种被广泛认可的评估标准或准则，以实现产品评估的公正性和一致性。因此，安全产品评估标准是极为重要的。

20 世纪 70 年代后期，美国国防部首先意识到这个问题，并提出了一组计算机系统评估标准，这组标准包含了 20 多个文件，每个文件使用了不同颜色的封皮，被称为“彩虹系列”。其中，最核心的是“可信任的计算机系统评价标准(TCSEC)”，按其封皮颜色被称之为“橙皮书”。

TCSEC 主要提供一种度量标准，用于评估处理敏感信息的计算机系统的可信度和安全性。TCSEC 主要有两个部分。第一部分描述了划分计算机系统安全等级的标准，这种划分是建立在人们对敏感信息保护所持有的全部信心的基础上；第二部分描述了该标准开发的基本目标、基本原理以及美国政府的政策等。TCSEC 定义了 4 个安全等级：A，B，C 和 D。

A 级表示计算机系统提供了最强的安全性，D 级表示计算机系统提供了最弱的安全性。B 级划分成 B1，B2 和 B3 三个子类，C 级划分成 C1 和 C2 两个子类。这样，总共划分为 7 个安全等级。

(1)D 级(最小保护)：所有系统都能满足的最低安全级，不具备更高级的安全特性。

(2)C 级(自主保护)：提供自主接入控制(DAC)和目标重用，支持识别、认证和审计。它划分成 C1 和 C2 两个子类。

1)C1 级(自主访问保护)：通过将用户和数据相分离来满足自主保护的要求，它将各种控制集为一体，对每个实体独立地提供 DAC、识别和认证。

2)C2 级(受控访问保护)：它比 C1 级控制更加严格，要求对用户也要实施 DAC、识别、认证和审计，并要求目标重用。

(3)B 级(受控保护)：利用受控接入控制(MAC)和数据敏感标记实现多级安全性，并提供一些保证要求。它划分成 B1，B2 和 B3 3 个子类。

1)B1 级(带有标记的保护)：系统必须对主要数据结构加敏感度标记，必须给出有关安全策略模型、数据标记以及对主体和客体的强制访问控制的非正规表述。

2)B2 级(结构化保护)：基于一种形式化的安全策略模型，B1 级系统中所采用的自主访问控制和强制访问控制都被扩展到 B2 级系统中的所有主体和客体。

B2 级特别强调了隐蔽通道的概念，必须构造可信任计算机库(TCB)，强化认证机制，提供严格配置管理控制能力。

3)B3 级(安全域)：所有主体对客体的访问必须通过 TCB 中介，并且必须是防篡改的。要求系统必须提供安全管理功能、安全审计机制和可信任系统恢复程序。

(4)A 级(可验证保护):采用可验证的形式化安全策略模型。A1 级是最高的安全级,功能上等价于 B3 级,要求对安全策略模型进行形式化验证,并且形式化验证要贯穿于整个系统开发过程。

在美国的橙皮书公布后,欧洲各国相继提出了各自的信息安全评价标准。如:德国的信息安全标准 ZSIEC、英国的商用安全产品分级标准(绿皮书),法国的信息安全标准 SCSSI,加拿大的可信任计算机产品评估标准 TCPEC 及欧共体的信息技术安全评价标准 ITSEC 等。

由于各国对信息安全产品等级划分和评定存在着认识上的差异,使这些标准之间存在较严重的兼容性问题。在一个国家获得某一安全级别评定和认证的信息安全产品在另一个国家得不到承认,需要重新评定和认证,影响了产品进入市场的时间和商机。为了统一西方国家的安全产品评价标准,美国、加拿大以及英、德、法、荷六国联合制定了一个共同的标准,即信息技术安全评估公共准则(The Common Criteria for Information Technology Security Evaluation),简称 CC。

11.3 信息安全评估标准:CC

在综合了各国标准的基础上,CC 建立了一个更全面的框架,可以广泛适用于信息系统的用户、开发者和评估者,用户可以用来确定对各种信息产品的安全需求,开发者可以用来描述其安全产品的安全特性,评估者可以用来对产品安全性的可信度进行评估。

CC 并不涉及管理细节和信息安全的具体实现、算法和评估方法等,也不作为安全协议、安全鉴定等,CC 的目的是形成单一的信息安全国际标准,为相同信息安全产品的评价提供了可比性,从而使信息安全开发者和信息安全产品能够在全世界范围内得到认可。

CC 是安全准则的集合,也是构建安全要求的工具,对于信息系统的用户、开发者和评估者来说都有重要的意义。1999 年 5 月,国际标准化组织通过了将 CC 作为国际标准 ISO/IEC 15408 的最后文本。

CC 本身由两个部分组成:一部分是一组信息技术产品的安全功能需求定义,另一部分是对安全保证需求的定义。CC 的一般使用方法是由用户按照安全功能需求来定义产品的保护框架(PP)。这里的用户是广义的,例如可以由某一组织负责定义政府各个机构所使用防火墙产品的 PP。厂家根据 PP 文件制订其产品的安全目标文件(ST),然后根据产品规格和安全目标文件来开发产品。开发出的产品将作为测评对象(TOE)进行安全功能和安全可信度的测评。

为了保证产品安全机制的有效性, CC 特别要求对 PP 和 ST 进行评价,以检查这两个文件是否满足要求。

11.3.1 安全功能需求

安全功能需求部分是按结构化方式来定义安全功能的,分为类(Class)、族(Family)和组件(Component)3 个层次。每个类侧重一个安全主题,例如安全审计类、安全管理类或通信类等。CC 共包括 11 个类,基本上覆盖了目前安全功能所有方面。

每个类包含了一个或多个族,每个族基于相同的安全目标,但侧重点或保护强度有所不同。例如,通信类包含了两个族,分别涉及信息源的防抵赖和信息接受的防抵赖。

每个族包含了一个或多个组件。一个组件确定了一组最小可选择的安全需求集合，从 CC 中选择安全功能时，不能对组件再作拆分。一个族中的组件排列顺序代表强度和能力的不同级别。

通信类信息源的防抵赖和信息接受的防抵赖均包含了两个顺序的组件，第一个组件是选择性可靠证明；第二个组件是强制性可靠证明。有的组件与其他组件有依赖性关系。在这种情况下，一旦选择了其中一个，就必须选择其他相关项。当制订 PP 或 ST 时，可通过 4 种对组件的操作来满足安全性的要求，这 4 种操作是反复（Iteration）、赋值（Assignment）、选择（Selection）和求精细化（Refinement）。

11.3.2　安全保证需求

安全保证需求的组织方式与安全功能需求相同，即按“类—族—组件”结构化方式定义各种安全保证的需求，共包括 10 个类。其中针对 PP 和 ST 各 1 个，对安全保护认证后进行维护的 1 个，其余 7 个则是对 TOE 安全可信度保证的具体需求。为了能够有效地使用安全功能需求和安全保证需求，CC 还引入了“包(Package)”的概念，以提高已定义结果的可重用性。在安全保证需求中，特别以包的概念定义了 7 个安全保证级别(EAL)，这 7 个级别定义如下：

EAL1：功能性测试级，证明 TOE 与功能规格的一致性。

EAL2：结构性测试级，证明 TOE 与系统层次设计概念的一致性。

EAL3：工程方法上的测试和校验级，证明 TOE 在设计上采用了积极安全工程方法。

EAL4：工程方法上的方法设计、测试和评审级，证明 TOE 采用了基于良好开发过程的安全工程方法。

EAL5：半形式化设计和测试级，证明 TOE 采用了基于严格过程的安全工程方法并适度应用了专家安全工程技术。

EAL6：半形式化地验证设计和测试级，证明 TOE 通过将安全工程技术应用到严格的开发环境中来达到消除大风险、保护高价值资产。

EAL7：形式化地验证设计和测试级，证明 TOE 所有安全功能都经得起全面的形式化分析。

安全保证级别测试并未增加产品的任何安全性，仅仅是告诉用户，产品在多大程度上是可信的。一般而言，安全要求越高、威胁越大的环境，应采用更可信的安全产品。

11.3.3　基于 CC 的认证

为了保证测评结果的可比性，所有基于 CC 的测评都应当在一个统一的框架下设立标准，监督测评质量和管理测评规范。CC 本身并不包括这个框架，但描述了这个框架的要素，具体如图 11.1 所示。

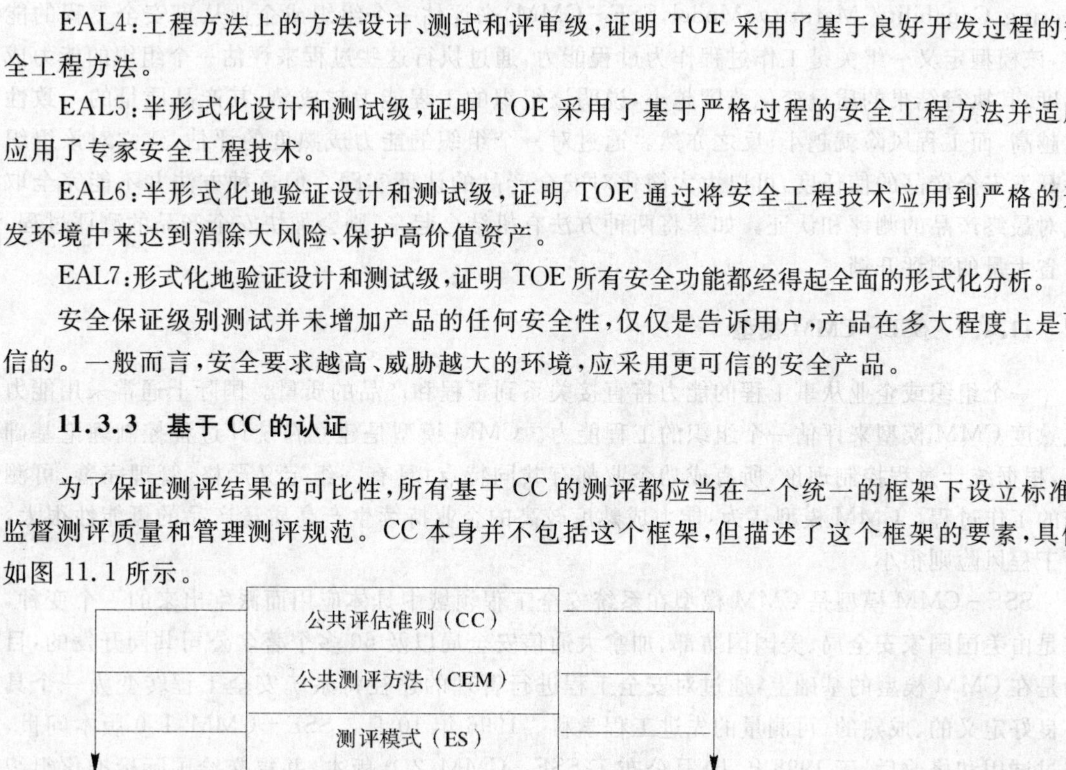

图 11.1 CC 测评框架图

其中,公共评估方法(CEM)由另外文件定义,包括 EAL1~EAL4 级测评的具体过程。考虑到各个国家相关组织和机构的设置以及具体的管理模式可能会不同,在上述框架中,测评模式由各个国家自行确定。目前,创建 CC 的六个国家均建立了各自的测评模式,并基于上述框架签署了相互认可测评结果的互认协议(Mutual Recognition Agreement,MRA)。

我国的测评模式将由"中国国家信息安全测评认证中心"来制订,以规范我国信息技术安全产品的测试和认证工作。

11.4 信任度评估方法:SSE-CMM

当安全产品测评时,除了要对产品的安全功能进行测评外,还需要对产品的信任度(Assurance)进行评估。所谓信任度是指用户对一个安全产品正确执行其安全功能的信任程度或信心大小,这显然不是一个能直接加以测量的物理量。目前,安全产品信任度评估方法主要有两种:面向最终产品的方法和面向工程过程的方法。

面向最终产品的评估方法主要通过对产品及其所有文档的严格分析和测试来建立信任度指标。这种方法缺少继承性,被测产品的安全信任度与同一组织以前所开发产品的安全信任度并无直接关系,每个产品的测评都要从头做起,测评过程相对复杂和冗长,增大测评的开销。

面向工程过程的评估方法采用系统安全工程能力成熟度模型(Systems Security Engineering Capability Maturity Model,SSE-CMM)来评估一个组织或企业从事安全工程的能力,该模型定义一组关键工作过程作为过程能力,通过执行这些过程来评估一个组织的能力成熟度,其执行结果的质量变化范围越小,说明该组织的工程能力越成熟,其产品质量的一致性就越高,而工程风险就越小;反之亦然。通过对一个组织的能力成熟度的评估,建立对该组织所开发安全产品的信任度,可以大大简化对安全产品的认证实践。但这种方法并不能完全取代对最终产品的测评和认证。如果将两种方法有机结合起来,则会加快安全产品的测评过程,节省大量的测评开销。

11.4.1 SSE-CMM 模型

一个组织或企业从事工程的能力将直接关系到工程和产品的质量。国际上通常采用能力成熟度 CMM 模型来评估一个组织的工程能力。CMM 模型是建立在统计过程控制理论基础上,根据统计过程控制理论,所有成功企业都有共同特点:具有一组定义严格、管理完善、可测控的工作过程。CMM 模型认为,能力成熟度较高的企业持续生产高质量产品的可能性很大,而工程风险则很小。

SSE-CMM 模型是 CMM 模型在系统安全工程领域中具体应用而派生出来的一个变种,它是由美国国家安全局、美国国防部、加拿大通信安全局以及 60 多个著名公司共同开发的,目的是在 CMM 模型的基础上,通过对安全工程进行管理的途径将系统安全工程转变为一个具有良好定义的、成熟的、可测量的先进工程学科。1996 年 10 月, SSE-CMM 1.0 版本问世,经过试用和修改后,于 1998 年 10 月公布了 SSE-CMM 2.0 版本,并提交给国际标准化组织申请作为国际标准。

SSE-CMM 模型将各种各样的系统安全工程任务抽象为 11 个有明显特征的子任务,而完成一个子任务所需实施的一组工程实践称为一个过程域(Process Area)。SSE-CMM 模型为每个过程域定义了一组确定的基本实践(Basic Practice),并规定每一个基本实践对完成该子任务都是不可缺少的。一个组织每次执行同一个过程时,其执行结果的质量可能是不同的。SSE－CMM 模型将这个变化范围定义为一个组织的过程能力。对于“成熟”的组织,每次执行同一任务结果的质量变化范围比“不成熟”的组织要小。为了衡量一个组织的能力成熟度,其过程完成的质量必须是可度量的。为此,SSE－CMM 模型定义了 5 个过程能力级别,每个级别用一组共同特性(Common Feature)来标识,每个共同特性则通过一组确定的通用实践 (Generic Practice) 来描述。

这里的组织(Organization)是指执行过程或接受过程能力评估的一个组织机构。一个组织可以是整个企业、企业的一个部门,或者是一个项目组。

SSE－CMM 模型定义了一个二维的框架结构,横轴上有 11 个安全工程过程域,纵轴上有 5 个能力级别。如果对每个过程域都进行能力级别评分,则可以得到一个二维图形,如图 11.2 所示。

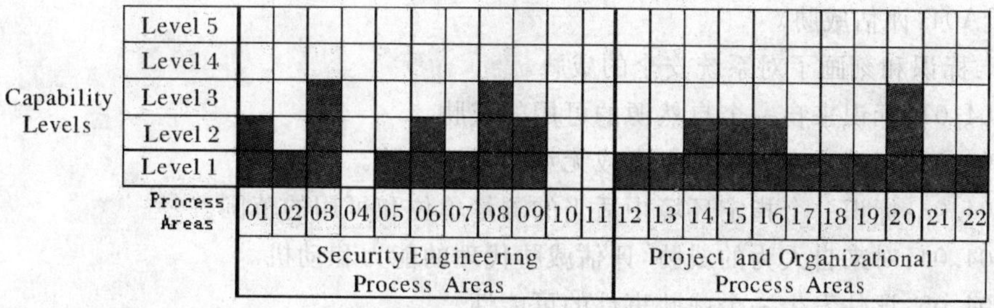

图 11.2 过程能力评估图

1. 过程域

系统安全工程涉及 3 种过程域:安全工程(Security Engineering)过程域、项目(Project)过程域和组织(Organization)过程域。后两个过程域并不直接与系统安全相关,故不是该模型的一部分,而是在另一个 CMM 模型变种——系统工程能力成熟度模型(SE－CMM)——中定义。

SSE－CMM 中的每个过程域都由一组基本实践(BP)来定义,每个基本实践对实现过程域的目标都是不可缺少的。SSE－CMM 过程域如下:

(1)PA01:管理安全控制。

目标:完全地配置和使用了安全控制。

BP.01.01:建立安全控制的职责和责任,并通告给该组织中的每个人。

BP.01.02:管理系统安全控制的配置。

BP.01.03:管理所有用户和操作员的安全认知、培训和教育程序。

BP.01.04:管理定期的维护和监管安全服务与控制机制。

(2)PA02:评估影响。

目标:标识和刻画了风险对系统的安全影响。

BP.02.01:标识、分析和优先区分了对系统起关键作用的操作、交易或任务的能力。

BP.02.02:标识和刻画支持系统关键操作能力或安全目标的系统资源。

BP.02.03:选择用于这种评价的影响指标。

BP.02.04:如果必要,则要标识被选评价指标和指标转换因子之间的关系。

BP.02.05:标识和刻画影响。

BP.02.06:监视该影响中正在发生的变化。

(3)PA03:评估安全风险。

目标1:在一个所定义的环境中,达到了对操作该系统相关安全风险的一种理解。

目标2:根据一种所定义方法优先处理风险。

BP.03.01:对于一个所定义环境中的系统,选择方法、技术和标准来分析、评估和比较安全风险。

BP.03.02:标识威胁/脆弱性/影响。

BP.03.03:评估与一个披露事件相关的风险。

BP.03.04:评估与该披露风险相关的总体不确定性。

BP.03.05:风险优先顺序。

BP.03.06:监视风险系列中正在进行的变化以及变化的性质。

(4)PA04:评估威胁。

目标:标识和刻画了对系统安全的威胁。

BP.04.01:标识来自一个自然源的可用的威胁。

BP.04.02:标识来自人为的有意或无意的可用威胁。

BP.04.03:标识一个指定环境中适当的测量单位和可用的范围。

BP.04.04:对来自人为的威胁,评估威胁代理的能力和动机。

BP.04.05:评估发生一个威胁事件的可能性。

BP.04.06:监视威胁系列中正在进行的变化以及变化的性质。

(5)PA05:评估脆弱性。

目标:在一个所定义的环境中,达到了对系统安全脆弱性的一种理解。

BP.05.01:在一个所定义环境中,通过选择方法、技术和标准来标识和刻画系统安全脆弱性。

BP.05.02:标识系统安全脆弱性。

BP.05.03:收集与脆弱性性质相关的数据。

BP.05.04:评估系统脆弱性以及由特定脆弱性与特定脆弱性组合结果引起的综合脆弱性。

BP.05.05:监视可用脆弱性中正在进行的变化以及变化的性质。

(6)PA06:构造信任度论据。

目标:工作产品和过程要明显地提供了满足消费者安全需要的论据。

BP.06.01:标识安全保证目标。

BP.06.02:定义一个面向所有保证目标的安全保证策略。

BP.06.03:标识和控制安全保证论据。

BP.06.04:执行安全保证论据的分析。

BP.06.05:提供一种安全保证论点,以证明满足了消费者安全的需要。

(7)PA07:调整安全。

目标1:工程组所有成员都要意识到履行他们的职责对安全工程活动来说是非常必要的。

目标2:通告和调整了与安全相关的决定和建议。

BP.07.01:定义安全工程调整目标和关系。

BP.07.02:标识安全工程调整机制。

BP.07.03:促进安全工程调整。

BP.07.04:使用鉴别机制来调整与安全相关的决定和建议。

(8)PA08:监控安全态势。

目标 1:检测和跟踪与事件相关的内部和外部安全性。

目标 2:响应事件,以保持与策略的一致。

目标 3:标识和处理操作安全态势的变化,以保持与安全目标的一致。

BP.08.01:分析事件记录,确定一个事件的起因、如何进行以及有可能发生的未来事件。

BP.08.02:监视威胁、脆弱性、影响、风险以及环境中的变化。

BP.08.03:标识有关事件的安全性。

BP.08.04:监视安全设施的性能和功能的有效性。

BP.08.05:为了标识必要的变化而评论系统安全态势。

BP.08.06:管理有关事件的安全响应。

BP.08.07:适当地保护用于保证安全监视的人工设施。

(9)PA09:提供安全输入。

目标 1:对于安全隐患,要回顾所有系统问题,并且与安全目标相一致地加以解决。

目标 2:项目组所有成员都拥有一种安全理解,这样他们就能够履行其职责。

目标 3:解决方案反映了所提供的安全输入。

BP.09.01:设计人员、开发人员和用户一起工作,保证适当的团体拥有一种安全输入所需的共同理解。

BP.09.02:确定安全约束,并需要考虑产生所通知的工程选择。

BP.09.03:标识与工程问题相关的可选择的安全解决方案。

BP.09.04:分析和优先区分用于安全约束和考虑的工程选择。

BP.09.05:提供有关指导其他工程组的安全性。

BP.09.06:提供有关指导操作系统用户和管理员的安全性。

(10)PA10:说明安全需求。

目标:在包括消费者在内的团体之间传达对安全需求的公共理解。

BP.10.01:获得消费者安全需求的理解。

BP.10.02:标识支配该系统的法律、政策、标准、外部影响和约束。

BP.10.03:标识该系统的目的,以便确定安全上下文。

BP.10.04:获取面向一个高安全性的系统操作视图。

BP.10.05:获取定义系统安全性的高级目标。

BP.10.06:定义一个一致的声明集合,它规定了在系统中实现的保护。

BP.10.07:签订协议,它规定了满足消费者安全需求的安全性。

(11)PA11:检验和证实安全。

目标 1:满足安全需求的解决方案。

目标 2:满足消费者操作安全需求的解决方案。

BP.11.01:标识检验和证实的解决方案。

BP.11.02:为检验和证实每个解决方案而定义严格的步骤和级别。

BP.11.03:检验解决方案是否实现与预先抽象级别相关的需求。

BP.11.04:证实解决方案是否满足与预先抽象级别相关的需求,最终满足消费者操作安全需求。

BP.11.05:为其他工程组获取检验和证实的结果。

SSE-CMM 模型将系统安全工程过程分为三类:风险过程、工程过程和信任度过程。

风险是发生了某种不希望的事件并对系统造成影响的可能性。根据模型,能够成为风险的事件由 3 个部分组成:威胁、系统脆弱性和事件造成的影响。通常,这 3 种因素必须全都存在才足以构成风险(使风险值大于零)。例如,不安全的系统但无威胁存在、不幸事件发生但没有造成影响等都不视为风险。系统风险分析是建立在对威胁、系统脆弱性和事件影响分析的基础上。而通过系统中的安全机制可将系统遗留的风险控制在可接受的程度内。模型中定义了 4 个风险过程:评估影响(PA02)、评估安全风险(PA03)、评估威胁(PA04)和评估脆弱性(PA05)。

安全工程不是一个独立的实体,而是系统工程的一个组成部分。例如,安全系统集成通常是系统集成的一个组成部分。SSE-CMM 模型强调系统安全工程与其他工程学科的合作和协调,并定义了专门的调整安全过程域(PA07)。

在一个工程项目的初始阶段,承担工程的组织必须根据风险分析结果、有关系统需求、可应用的法律法规和方针政策等信息,与客户一起共同定义系统的安全需求,这一过程称为说明安全需求过程域(PA10)。

在综合考虑了包括成本、性能、技术风险及使用难易程度等各种因素后,提出解决问题的方案,这一过程称为提供安全输入过程域(PA09)。然后,该组织必须保证其安全机制的正确配置和正常运行,这一过程称为管理安全控制过程域(PA01)。同时,对系统进行连续的监测,以保证新风险不会增大到不可接受的程度,这一过程称为监控安全态势过程域(PA08)。

在信任度问题上,SSE-CMM 模型强调对执行安全工程过程结果质量的可重复性信任度。信任度过程不增加额外的系统安全机制,只是通过校验和证实现有系统安全机制的正确性和有效性来实现,这一过程称为校验和证实安全过程域(PA11)。

并且允许借鉴其他各个过程域的工作产品来构造系统安全信任度论据,这一过程称为构造信任度论据过程域(PA06)。

SSE-CMM 模型没有规定各个过程域在系统安全工程生命周期中出现的顺序,某些过程域甚至可能重复出现在生命周期中的几个阶段。实际上,过程域是依照过程域名的英文字母顺序来编号的。

2. 过程能力

为了衡量一个组织的能力成熟度,其过程完成的质量必须是可度量的。SSE-CMM 模型定义了 5 个过程能力级别,每个级别用一组共同特性(CF)来标识,每个共同特性则通过一组确定的通用实践(GP)来描述。

(1)Level 1:非正式执行的过程。它仅仅要求一个过程域的所有基本实践都被执行,而对执行的结果并无明确的要求。

(2)Level 2:计划和跟踪的过程。它强调过程执行前的计划和执行中的检查。这使得一个组织可以根据最终结果的质量来管理其实践活动。

(3)Level 3:良好定义的过程。它要求过程域所包括的所有基本实践都必须依照一组良好定义的操作规范来进行。这组规范是一个组织依据长期工作经验制订出来的,其合理性是经过验证的。

(4)Level 4:定量控制的过程。它能够对一个组织的表现进行定量的度量和预测。使过程管理成为客观的和准确的实践活动。

(5)Level 5:持续改善的过程。它为过程行为的高效化和实用化建立定量的目标。可以准确地度量过程的持续改善所收到的效果。

过程能力是用来度量每个过程域的,而不是用来度量整个组织的。当一个组织不能执行一个过程域中的基本实践时,该过程域的过程能力是 0 级。0 级不是一种真正意义上的能力级别,不包含任何通用实践。过程能力描述结构见表 11.1。

表 11.1 过程能力描述结构

能力级别(Level)	共同特性(Coummon Feature)	通用实践(Generic Practice)
Level 1:非正式执行的过程	CF1.1:执行了基本实践	CP1.1.1:执行过程
Level 2:计划和跟踪的过程	CF2.1:计划性能	GP2.1.1:分配资源
		GP2.1.2:指派责任
		GP2.1.3:编 写该过程文档
		GP2.1.4:提供工具
		GP2.1.5:确保培训
		GP2.1.6:计划该过程
	CF2.2:受训性能	GP2.2.1:使用计划、标准和程序
		GP2.2.2:对配置进行管理
	CF2.3:检验性能	GP2.3.1:检验过程一致性
		GP2.3.2:审核工作产品
	CF2.4:跟踪性能	GP2.4.1:跟踪与测量
		GP2.4.2:跟踪校正动作

11.4.2 过程能力评估方法

运用 SSE－CMM 模型评估一个组织的过程能力可采用两种方法:自我评估和第三方评估。

一个组织可以运用 SSE－CMM 模型自我评估每个过程域的能力级别,测评结果可作为改善其过程能力的理论依据和目标。在运用 SSE－CMM 模型评估一个组织的过程能力成熟度之前,应首先使用这一模型评估该组织在以往工程项目中的表现。

由于每个能力级别都定义了一个或多个共同特性,因而只有当所有共同特性都得到满足时,才达到了对应的能力级别。如果一个过程域只满足了 $n+1$ 级或 $n+2$ 级上所定义的部分共同特性,但满足了 n 级上所定义的全部共同特性,那么其过程能力应当评为 n 级。

当执行具体项目时,一个组织可以根据系统安全工程项目的实际需求有选择地执行某些过程域，而不是全部。此外，一个组织也可能需要执行安全工程过程域之外的关键过程。SSE－CMM 模型推荐了 SE－CMM 模型的 11 个过程域，它们可用于组织和项目本身的管理，可以与 SSE－CMM 过程域配合使用。

为了支持理论模型，保障过程能力评估结果的一致性，SSE－CMM 项目组编写了 SSE－CMM 模型评估方法指南。评估方法指南详细地规定了评估机构的组成、人员责任的划分、日程的安排、评估过程中所使用的一些表格格式及内容等。评估过程包括持续一周的与被评组织直接接触的调研活动。

指南建议的评估时间是：自我评估为 500 人/h 左右，第三方评估为大约 1 000 人/h 左右。评估活动本身并不复杂，主要是确认 SSE－CMM 模型中定义的基本实践和通用实践是否存在。被评组织必须提交证据以支持自己的论点。

过程能力成熟度模型定义的工作过程具有连续性、可重复性和有效性。过程能力理论指出，一个组织在工作实践中的表现在很大程度上是可预估的。虽然对过程能力的评估不能完全取代对产品的测试和认证，也不能直接担保产品质量的好坏，但一个具有很高过程能力的组织或企业生产高信任度安全产品的可能性是很大的。因此，对一个组织的过程能力评估将为其产品信任度的评估提供有力的旁证，可以大大简化繁杂的安全产品认证实践。

11.5 信息安全准则的应用

下文以 Microsoft Windows NT 4.0 操作系统为例，具体地分析一个实际系统是如何应用这些信息安全准则来实现其安全策略和功能的。

Windows NT 4.0 操作系统于 1999 年 11 月通过了美国国防部 TCSEC C2 级安全认证，表明该系统具有身份认证、自主访问控制、客体重用和安全审计等安全特性。这些安全特性是由 Windows NT 4.0 安全子系统提供的，Windows NT 4.0 安全子系统由本地安全授权(LSR)、安全账户管理(SAM)和安全参考监视器(SRM)等部分组成。

(1)本地安全授权部分。为了保障用户获得存取系统的许可权，它提供了许多服务程序，如产生令牌、执行本地安全管理、提供交互式登录认证服务、控制安全审计策略以及由 SRM 产生的安全审计记录信息等。

(2)安全账户管理部分。提供 SAM 数据库，该数据库包含所有的用户和用户组的信息。SAM 提供用户登录认证，将用户输入的信息与 SAM 数据库中的注册信息相比较来验证用户身份的合法性。对于合法的用户，将赋予一个安全标识符(SID)。根据网络的配置，SAM 数据库可能存在于一个或多个 Windows NT 系统中。

(3)安全参考监视器部分。负责访问控制和审计策略，由 LSA 提供支持。SRM 提供客体(文件、目录等)的访问权限，并检查主体(用户账户等)的权限，产生必要的审计信息。客体的安全属性由安全控制项(ACE)来描述，全部客体的 ACE 组成访问控制列表(ACL)。对于无 ACL 的客体，任何主体都能访问。当主体访问有 ACL 的客体时，由 SRM 检查其中的每一个 ACE，从而决定是否允许主体的访问。

根据信息安全准则，Windows NT 4.0 操作系统提供了如下的安全能力。

1. 身份认证

Windows NT 4.0 基于安全域(Domain)模型，每个域设有一个用户账号数据库，每个用户必须预先在一个域的用户账号数据库中进行注册。每个域都设有一个控制器来管理用户账号数据库,并对试图登录的用户身份进行认证。一个用户在登录 Windows NT 4.0 系统时,必须输入所在的域名、用户名和口令,控制器将根据这些信息对用户身份进行认证。在系统内部,使用安全标识符(SID) 唯一地标识一个用户。SID 是唯一的,即使一个用户被删除,如不能重用该用户的 SID,也不能重新分配给其他的用户。

2. 自主访问控制

Windows NT 4.0 采用自主访问控制策略,控制粒度为单个用户。Windows NT 4.0 的安全模式允许将访问控制应用于所有的系统客体以及基于 NTFS 文件系统的全部文件。应用进程对任何客体操作之前,Windows NT 4.0 安全系统将验证该进程所具有的权限。对于文件访问操作,只有在文件的所有者或系统管理员授权的情况下,才能被执行。

Windows NT 4.0 通过自主访问控制列表(DACL)对系统中的客体进行自主访问控制。DACL 作为客体的一个安全属性,用于控制用户对客体的访问操作。DACL 表项规定了赋予一个用户或用户组的访问授权(允许或拒绝)以及访问权限。并非所有客体都必须具有相应的 DACL。如果一个客体没有 DACL,则意味着所有用户都具有访问该客体的权限。

3. 客体重用

Windows NT 4.0 提供了 TCB(Trusted Computing Base)接口,所有可见的资源都采用以下方式寻址:

(1)在分配时清除客体;

(2)在分配时完全初始化客体;

(3)只允许读取已写入的部分。

用户进程是不能访问硬件寄存器、缓存等资源的(CPU 除外)。当创建一个进程时,必须清除或初始化所有的寄存器。以后,每当一个进程被挂起时,所有寄存器信息都被保留;而该进程被唤醒时,重新将寄存器信息装入寄存器。

4. 安全审计

Windows NT 4.0 的 TCB 将建立和维护一个安全日志,记录有关身份认证、对保护客体的访问、被保护客体的删除、管理操作以及其他的安全事件。安全审计功能由 LSA、SRM、保护服务器与执行子系统、事件日志以及事件查看器等部件来完成,审计信息记录在安全日志中,并且只有管理员才有权查看安全日志。

11.6　信息安全模型

在上述的信息安全标准中,高安全级别系统都要求采用形式化安全模型来描述系统安全策略,并且是可验证的。例如,在美国的 TCSEC 中,从 B 级以上的高安全级别都要求具有形式化安全策略模型的应用。因此,形式化安全模型对于精确地描述一个系统的安全性和安全策略是非常重要的。

对于安全模型,通常具有下述特点:

(1)安全模型应当是精确和无歧义的。

(2)安全模型应当是简单和抽象的,并且容易理解。

(3)安全模型应当是一般性的,只涉及安全性质,不过多涉及具体的系统功能或实现。

(4)安全模型应当足够小,便于模型的形式化描述、实现和验证。

形式化安全模型是信息安全理论研究的基础,也是开发高安全级别系统不可缺少的形式化描述和验证技术。人们提出了各种信息安全模型,它们大致可以分成访问控制模型、信息流模型、信息完整性模型和分布式应用模型等。

11.6.1 访问控制模型

一般的安全模型都可以用一种称为格(Lattice)的数学表达式来表示,格是定义在集合 SC 上的偏序关系,并且满足 SC 中任意两个元素都有最大下界和最小上界的条件。

在一种多级安全策略模型中,SC 表示有限的安全类集合,其中每个安全类可用一个两元组(A, C)来表示, A 表示权力级别(Authority level),C 表示类别集合(Category)。权力级别共分成四级:

0 级:普通级(Unclassified);

1 级:秘密级(Confidential);

2 级:机密级(Secret);

3 级:绝密级(Top Secret)。

对于给定的安全类(A,C)和(A',C'),当且仅当 A≤A'且 C≤C'时,(A,C)≤(A',C'),称(A,C)受(A',C')的支配。例如,假设一个文件 F 的安全类为{Secret;NATO, NUCLEAR},如果一个用户具有如下的安全类:{Top Secret;NATO,NUCLEAR,CRYPTO},则该用户就可以访问文件 F,因为该用户拥有比文件 F 更高的权力级别,并且在其类别集合中包含了文件 F 的所有类别。如果一个用户的安全类为{Top Secret;NATO,CRYPTO},则该用户就不能访问文件 F,因为该用户缺少 NUCLEAR 类别。这种多级安全策略模型是对军事安全的抽象,其模型的表示方法被广泛用于其他各种安全模型中。

访问控制模型基于对操作系统结构的抽象,并建立在安全域 (Domain) 基础上。一个安全域中的实体被分成两种:主动的主体和被动的客体,以主体为行,以客体为列,构成一个访问矩阵,矩阵的元素是主体对客体的访问模式,如读、写、执行等。某一时刻的访问矩阵定义了系统当前的保护状态,依据一定的规则,访问矩阵可以从一个保护状态迁移到另一个状态。

由于访问控制模型只规定系统状态的迁移必须依据规则,但没有规定具体的规则是什么。因此,访问控制模型具有较大的灵活性。

访问控制模型主要有 Graham－Lampson 模型、UCLA 模型、Take－Grant 模型、Bell&LaPadula 模型等,其中影响较大的是 Bell&LaPadula 模型。

11.6.2 信息流模型

访问控制模型描述了主体对客体访问权的安全策略,主要应用于文件、进程之类的"大"客体。而信息流模型描述了客体之间信息传递的安全策略,直接应用于程序变量之类的"小"客体,可以精确地描述程序中的隐通道,它比访问控制模型的精确度高。

信息流模型也是基于格模型,为信息流引入一组安全类集合,定义了安全信息流通过程序时的检验和确认机制。一个信息流模型由五部分组成。

(1)客体集合。表示信息的存放位置,如文件、程序、变量以及位(bits)等。

(2)进程集合。表示与信息流相关的活跃实体。

(3)全类集合。对应于互不相关的、离散的信息类。

(4)一个辅助交互的类复合操作符。用于确定在两类信息上的任何二进制操作所产生的信息。

(5)一个流关系。用于确定在任何一对安全类之间信息是否能从一个安全类流向另一个安全类。

在一定的假设条件下,安全类集合、流关系和类复合操作符构成一个格,指定了模型系统的安全信息流的意义,使客体之间的信息流不违背指定的流关系。信息流模型的形式化描述比有限状态机更详细,以表示程序中信息的细节。

访问控制模型和信息流模型是最主要的两类安全模型,分别代表了两种安全策略,访问控制策略指定了主体对客体的访问权限,信息流策略指定了客体所能包含的信息类别以及客体之间的关系。信息流模型可以分析程序中的合法通道和存储通道,但不能防止程序中的隐秘时间通道。

11.6.3　信息完整性模型

信息完整性是信息安全的重要组成部分,以防止信息在处理和传输过程中被篡改或破坏。信息完整性模型主要面向商业应用,而访问控制模型和信息流模型侧重于军事领域,它们在描述方法上有很大的不同。

信息完整性模型是用于描述信息完整性的形式化模型,主要适用于商业计算机安全环境。信息完整性模型主要有 Biba 模型、Clark－Wilson 模型等,其中 Biba 模型由于应用过于复杂,没有得到实际的应用。

Clark－Wilson 模型采用了两个基本方法来保证信息的安全,一个是合式交易方法;另一个是职责分离方法。

合式交易方法提供一种保证应用完整性的机制,其目的是不让用户随意地修改数据。它如同手工记账系统,要修改一个账目记录,则必须在支出和转入两个科目上都要作出修改,这种交易才是"合式"的,而不能只改变支出或转入科目,否则,账目将无法平衡,出现错误。

职责分离方法提供一种保证数据一致性的机制,其目的是保证数据对象与它所代表的现实世界对象相对应,而计算机本身并不能直接保证这种外部的一致性。最基本的职责分离规则是不允许创建或检查某一合式交易的人再来执行它。这样,在一次合式交易中,至少有两个人参与才能改变数据,防止欺诈行为。因此,Clark－Wilson 模型有两类规则:强制规则和确认规则。

(1)强制规则。定义了与应用无关的安全功能,共有 4 条:

E1:用户只能通过事务过程间接地操作可信数据;

E2:用户只有被明确地授权后才能执行操作;

E3:用户的确认必须经过验证;

E4:只有安全官员(管理者)才能改变授权。

(2)确认规则。定义了与具体应用相关的安全功能,也有 4 条:

C1:可信数据必须经过与真实世界一致性表达的检验;

C2:程序以合式交易的形式执行操作;

C3:系统必须支持职责分离;

C4:由操作检验输入,接收或者拒绝。

Clark - Wilson 模型通过这些规则定义一个完整性策略系统,给出了在商业数据处理系统中实现完整性的基本方法,同时也展示了商业应用系统对信息安全的特定需求。

11.6.4 基于角色的访问控制模型

基于角色的访问控制(Role Based Access Control,RBAC)模型是由美国国家标准技术协会(NIST)组织研究的一种新的访问控制技术,目的是简化授权管理的复杂性,降低管理开销,为管理员提供一个实现复杂安全策略的良好环境。

RBAC 的基本思想是:给用户所授予的访问权限是由用户在一个组织中担任的角色确定的。例如,在一个银行中,角色可以有出纳员、会计师、信贷员等,他们的职能不同,所拥有的访问权限也各不相同。RBAC 将根据用户在一个组织中所担任的角色来授予相应的访问权限,但用户不能自主地将访问权限转授他人。这一点是 RBAC 模型与其他自主访问控制模型的最根本区别。

在 RBAC 模型中,定义主体、客体、角色和事务处理等术语。所谓的角色是指一个或一群用户在组织中可执行的事务处理集合,而事务处理是指数据和对数据执行的操作,如读一个文件。

一个用户经过授权后可以拥有多个角色,一个角色也可以由多个用户构成。每个角色可以执行多种操作,每个操作也可以由不同角色执行。一个用户可以拥有多个主体,即可以拥有多个处于活动状态且以用户身份运行的进程,但每个主体只对应一个用户。每个操作可以施加于多个客体,每个客体也可以接受多个操作。

用户对一个客体执行访问操作的必要条件是:该用户被授权拥有一定的角色,其中一个角色在当前时刻处于活动状态,并且该角色对客体拥有相应的访问权限。

RBAC 模型的主要特点是:

(1)角色与权限的关联。不同的角色拥有不同的访问权限,一个用户被授权拥有何种角色,也就决定了该用户所拥有的访问权限以及所能执行的操作。

(2)角色继承关系。角色之间可能有相互重叠的职责和权力,属于不同的角色的用户可能需要执行某些相同的操作。为了提高效率,RBAC 定义了"角色继承"概念和功能,通过角色继承关系可以指定一些角色除了拥有自己的属性外,还可以继承其他角色的属性和拥有的权限,以避免重复定义。

(3)最小权限原则。它是指一个用户拥有的权限不能超过其工作任务所需的权限。为了实现最小权限原则,必须分清用户的工作任务和内容,确定完成该工作所需的最小权限集,并将用户限制在最小权限集的范围内。RBAC 允许根据一个组织内的规章制度和职能分工,设计拥有不同权限的角色,只将角色必须执行的操作授予角色。

(4)职责分离原则。职责分离是防止欺诈行为的最重要的手段,例如,在银行业务中,"授权付款"和"实施付款"是职责分离的两个操作,必须将它们分离开,否则将会引起欺诈行为。

(5)角色容量。在一个特定的时间段内,某一些角色只能容纳一定数量的用户。例如,"经理"这一角色虽然可以授予多个用户,但在实际的业务中,任何时刻只能由一个人来行使经理职能。

RBAC 的主要优势在于可以简化系统权限的管理工作。在一个 RBAC 系统建立起来后,主要的管理工作是为用户分配或取消角色。当用户的职能改变时，只要改变分配给他们的角色，也就改变了这些用户的权限。

当一个组织的职能发生变化时，只须删除角色的旧功能、增加新功能，或者定义新的角色即可，而不必更新每个用户的权限设置。

另外，系统管理员能够站在一个比较抽象的、与企业的业务管理相类似的层次上来实施访问控制，通过定义和建立不同的角色、角色的访问权限以及角色的继承关系等，管理员能够以静态或动态方式监管用户的行为。

RBAC的另一个优势是能很好地支持分布式系统。管理职能可以分布在中心域和地方域等不同的保护域内，整个组织的访问控制策略由中心域负责制定，地方域负责制定各自内部的相关策略。

上述的安全模型都各自有所侧重，没有一个模型能够涵盖信息安全的各个方面，通常需要将多个安全模型组合起来来满足一个安全系统形式化和模型化的要求。

第12章 信息交换安全技术

信息交换安全技术主要为了保证在网络环境中信息传输和交换的安全，防止在信息传输过程中被窃取、篡改、重放和假冒等。信息交换安全技术是通过数据机密性、数据完整性和身份真实性等安全机制来实现的，其基础是密码技术，核心是安全协议技术。

在网络环境下，为了实现安全的信息交换，通信各方必须采用和遵循相同的安全协议。安全协议定义了网络安全系统结构、安全机制、所支持的密码算法以及密码算法协商机制等。按网络体系结构层次划分，安全协议可以分成数据链路层安全协议、网络层安全协议、传输层安全协议和应用层安全协议。

(1)根据数据链路类型，数据链路层协议有面向 LAN 的 IEEE 802 系列协议和面向串行链路或拨号链路的 PPP (Point－to－Point Protocol) 协议等，与 IEEE 802 协议对应的安全协议有 IEEE 802.10 协议，与 PPP 协议对应的安全协议有 PPTP (Point－to－Point Tunneling Protocol)和 L2TP (Layer Two Tunneling Protocol) 协议。

(2)网络层协议有 IP，IPX 等，与 IP 协议对应的安全协议是 IPSec (IP Security)协议。

(3)传输层协议有 TCP，UDP，SPX 等，与 TCP 协议对应的安全协议是 SSL (Secure Socket Layer)协议。

(4)应用层协议主要是基于 TCP/IP 协议的应用层协议，如 HTTP 协议、MIME 协议等，与 HTTP 协议对应的安全协议是 S－HTTP (Secure HTTP) 协议，与 MIME 协议对应的安全协议是 S/MIME (Secure/MIME) 协议。还有些应用层安全协议是为解决特定应用的安全问题而开发的，如用于加密电子邮件的 PGP(Pretty Good Privacy)协议，用于支持基于信用卡电子交易的 SET(Secure Electronic Transaction)协议，用于提供第三方认证服务的 Kerberos 等。

信息交换安全模型如表 12.1 所示。

表 12.1 信息交换安全模型

不可否定性 身份确定性 信息完整性 信息机密性	安全应用系统 (VPN、信息服务、CA 认证、安全邮件、电子商务等)
	安全协议技术 (L2TP，IPSec，SSL，PGP，SMIME，S－HTTP 等)
	密码技术 (基于私钥和公钥的加密、认证、数字签名等算法)

12.1 数据链路层安全协议

根据 ISO/OSI 参考模型的定义，数据链路层提供了数据链路的差错处理与流量控制功能，将不可靠的物理链路转换成可靠的数据链路，同时完成数据帧的发送与接收，为网络层提供传送数据的功能和过程。数据链路层主要为一个网段或一段介质上节点之间的通信提供数据传输服务，因此，数据链路层的所有功能(包括安全功能)都是针对数据链路而定义的。

在计算机网络中，物理链路主要有两种：一是本地链路，主要通过局域网(LAN)链路将本地各个节点互相连接起来实现数据通信；二是远程链路，主要通过广域网链路实现远程节点之间的数据通信。

不同的物理链路所采用的数据链路层协议是不同的，本地链路的数据链路层协议一般采用 IEEE 802 局域网协议标准，远程链路的数据链路层协议主要采用点到点协议，即 PPP (Point - to - Point Protocol)协议。

数据链路层安全性主要是指通信双方能够在数据链路上安全地交换数据，表现为以下两个方面：

(1)数据机密性：防止在数据交换过程中数据被非法窃听。

(2)数据完整性：防止在数据交换过程中数据被非法篡改。

数据交换过程中的数据机密性和完整性主要通过密码技术实现，即通信双方必须采用一致的加密算法来解决数据机密性和完整性问题。

因此，通信双方必须在数据交换之前就数据加密算法、数据完整性认证算法和密钥交换算法等问题进行协商，并达成一致协议；在数据交换过程中，通信双方必须按所达成的协议进行数据加密和完整性认证处理，以保证数据的机密性和完整性。这也是网络安全协议的基本功能和任务。

数据链路层安全协议是对数据链路层协议的安全性增强，即在数据链路层协议的基础上增加了安全算法协商和数据加密/解密处理的功能和过程。根据不同的数据链路层协议，其安全协议的功能定义和处理过程是不同的。数据链路层安全协议主要是 IEEE 802 局域网标准中的安全协议和基于 PPP 协议的安全协议。

12.1.1　关于 802.10 协议

802.10 协议最初的目的是制定一个互操作的局域网安全标准，但没有得到业界的响应和支持。因此，802.10 协议并没有应用在实际的网络安全系统中。

一些厂商在开发虚拟局域网(VLAN)时，使用了 802.10 头中的 SAID(Security Association Identifier)字段作为 VLAN 标识符，用于标识数据流所属的 VLAN。这样，802.10 便在 VLAN 中得到实际应用。

VLAN 是指在局域网的物理结构上通过控制流量分配而形成的一种逻辑网络。在一个 VLAN 中，流量被限制在本 VLAN 内，不会在其他 VLAN 中流通，在逻辑上 VLAN 之间是相互隔离的。

因此，通过 VLAN 可以在局域网中提供一定的数据交换安全性。通常，VLAN 是在 LAN 交换机的支持下实现的，LAN 交换机是通过标准化的 VLAN 协议(如 802.10 或 802.1Q)提供 VLAN 定义和管理功能的。

由于利用 802.10 头中的 SAID 字段作为 VLAN 标识符，这导致了不定长的数据帧，在实现上产生一些问题。另外，各个厂商所定义的 VLAN 标识符格式和长度也不统一，引起不同厂商 VLAN 设备兼容性问题。后来，IEEE 对 802.10 协议进行了修订，进一步完善了 VLAN 的体系结构，统一了 802.10 头中的 VLAN 标识符格式。同时，还制定了一个称为 IEEE

802.1Q 的新 VLAN 标准,并在业界得到推广应用。

12.1.2 关于 PPTP 协议

远程通信是指通过串行接口(如 RS-232C 接口等)和远程链路(如电话线等)实现远程节点之间的数据通信,远程通信协议是建立在远程链路上的数据链路层协议。传统的远程通信协议是串行线路互连网协议 SLIP(Serial Line Internet Protocol),它只是在异步串行链路上提供了对 IP 协议的最基本支持,而不支持其他非 IP 数据报传输和同步串行链路通信。现代的远程通信协议是 PPP 协议,它提供了在异步或同步串行链路上封装多种协议数据报的方法,并且对 IP 协议的支持比较充分。

1. PPP 协议

PPP 协议提供了一种在串行链路上点到点传输多种类型协议数据报的标准方法,PPP 协议主要由三部分组成:一是 PPP 数据封装方法,用于对多种类型协议的数据报进行 PPP 封装;二是连接控制协议 LCP(Link Control Protocol),用于建立、终止、配置和测试 PPP 连接;三是网络控制协议 NCP(Network Control Protocol),这是一组协议,用于在 PPP 连接上建立和配置不同的网络层协议。

基于 PPP 协议的应用系统一般采用客户/服务器应用模型,在服务器端,必须配置一个拨号服务器或远程访问服务器,支持基于拨号电话线路和 PPP 协议的远程连接;在客户端,客户机必须配置远程访问设备(如 Modem)和电话线路,并在客户 OS 上配置 PPP 协议。

当一个远程客户使用拨号线路访问一个内部网络时,首先通过 PPP 协议建立与拨号服务器的远程连接,然后通过配置 IPCP 协议在 PPP 连接上支持 IP 协议。这样,远程客户就可以使用 IP 协议来访问 Internet 或内部网中其他的网络资源和服务,参阅图 12.1。

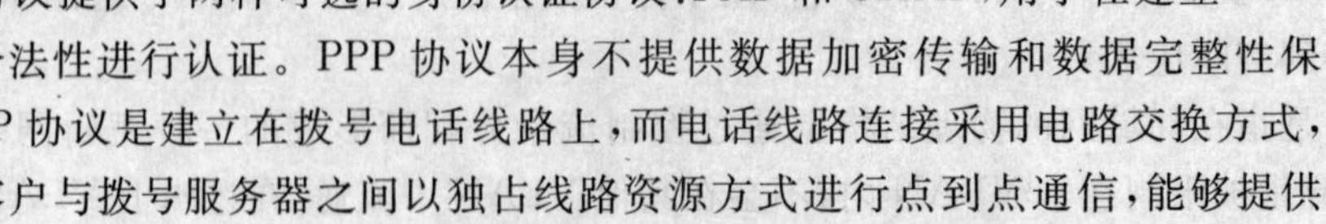

图 12.1 远程连接示意图

PPP 协议提供了两种可选的身份认证协议:PAP 和 CHAP,用于在建立 PPP 连接时对用户身份的合法性进行认证。PPP 协议本身不提供数据加密传输和数据完整性保护功能。这是因为 PPP 协议是建立在拨号电话线路上,而电话线路连接采用电路交换方式,在通信过程中,远程客户与拨号服务器之间以独占线路资源方式进行点到点通信,能够提供相当于专线的安全性。

2. PPTP 协议

当一个用户使用电话线路访问企业内部网时,如果用户和内部网都是本地的(处于同一城市),则可以通过本地电话网进行访问,通信开销是市内话费;如果用户和内部网是异地的(处于不同城市),则需要通过长途电话网进行访问,通信开销是长途话费。

显然后者的通信开销要远远高于前者。对于后者,如果通过本地 ISP 接入 Internet,再通过 Internet 访问企业内部网,则可以大大降低通信费用,因为用户只须通过本地电话网接入 ISP,避免了长途话费,见图 12.2。

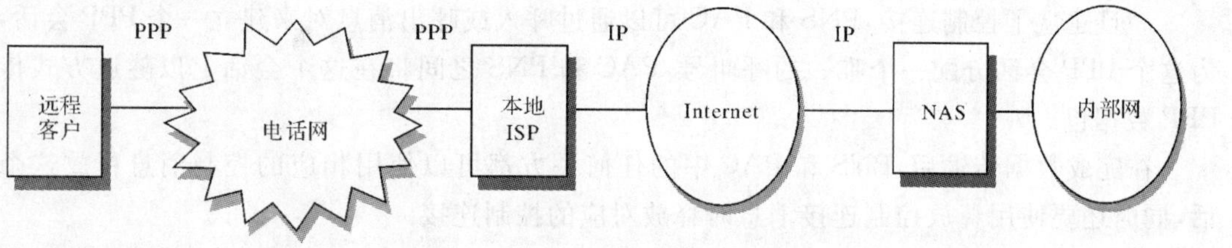

图 12.2　基于 Internet 的远程访问

通过 Internet 访问企业内部网与访问开放的网站不同，必须通过用户身份合法性认证、数据机密传输和数据完整性保护等安全措施来解决潜在的信息窃听、篡改和重放等一系列安全问题。目前，常用的安全访问解决方案是基于隧道传输协议的虚拟专用网 VPN（Virtual Private Network）技术。

VPN 是一种以开放的公用网络为传输媒体，通过数据加密封装、数据完整性认证、用户身份认证以及系统访问控制等技术实现的信息传输安全保护技术，它能够提供类似于专用网络的安全性能，在信息传输过程中对信息提供有效的安全保护。

VPN 是建立在密码技术和隧道传输协议基础上的。目前，支持 VPN 的隧道传输协议主要有点到点隧道协议 PPTP（Point-to-Point Tunneling Protocol）、第二层隧道协议 L2TP（Layer Two Tunneling Protocol）和 IP 安全协议 IPSec（IP Security），其中，PPTP 和 L2TP 是基于 PPP 的安全协议，IPSec 是基于 IP 的安全协议。下文首先介绍 PPTP 协议。

PPTP 最初是由 Microsoft 公司提出的，并将该协议集成到 Windows NT 操作系统中。为了推动 PPTP 的开发和应用，专门成立了 PPTP 论坛，经过多次修改，于 1999 年 7 月公布了 PPTP 标准文档——RFC2637。

PPTP 协议是 PPP 协议的扩展，提供了一种通过 IP 网络传送 PPP 数据的方法，允许用户使用 PSTN（Public Switched Telephone Network）或者 ISDN（Integrated Services Digital Network）等两种线路和 PPP 协议以隧道方式通过 IP 网络传送数据。

PPTP 协议采用客户/服务器体系结构，定义了两个基本构件：一是客户端的 PPTP 访问集中器 PAC（PPTP Access Concentrator）；二是服务器端的 PPTP 网络服务器 PNS（PPTP Network Server），采用一种增强的通用路由封装 GRE（Generic Routing Encapsulation）协议在 PAC 与 PNS 之间建立一个基于 PPP 会话的传输隧道，提供多协议封装和多 PPP 通道捆绑传输功能，同时提供了对封装 PPP 数据包的流量控制和拥塞控制机制。

PPTP 由两部分组成：一是在 PAC/PNS 对之间的控制连接，负责建立、管理和释放一个 PPP 会话；二是在这个 PPP 会话上构造一个传输隧道，通过 IP 网络传送 PPP 数据包。

(1)控制连接。在 PAC/PNS 之间建立 PPP 隧道之前，首先要建立一个基于 TCP 的控制连接，用于传送 PPTP 呼叫控制和管理信息。PPTP 定义了一个消息集，用于在 PAC/PNS 之间的 TCP 会话上传送控制信息。这个 TCP 会话的目的端口号为 1723，源端口号可以是任何空闲的端口号。

PAC 和 PNS 中的任何一方都可以使用建立控制连接消息对（请求/应答）来建立一个控制连接。

在建立控制连接的过程中，它们还可以使用这些消息来交换有关 PAC 和 PNS 的基本操作能力信息。双方可以使用回波消息对来测试和维护控制连接的可用性。

一旦建立了控制连接，PNS和PAC可以通过呼入或呼出消息对来建立一个PPP会话，并为这个PPP会话分配一个唯一的呼叫号，PAC和PNS之间将在这个会话上以隧道方式传送PPP数据包。

在完成数据传输后，PNS和PAC中的任何一方都可以使用相应的控制消息释放这个会话，同时还要使用释放控制连接消息对释放对应的控制连接。

(2)隧道协议。PPTP采用一种增强的GRE协议来封装PPP数据包，在PAC和PNS之间建立一个能穿越IP网络的会话隧道。在会话隧道上，每个PPP数据包首先用GRE协议头进行封装，然后再用IP头和特定介质头进行封装，见图12.3。这样，PPP数据包就能在PAC和PNS之间的IP网络中进行传输。

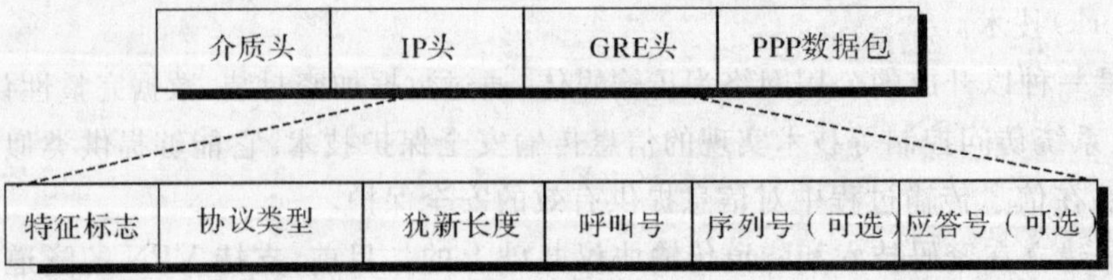

图12.3 PPP数据包封装

在GRE头中，设有一个呼叫号字段来指示一个具体的PPP数据包所属的会话，呼叫号是在建立PPP会话时由控制连接信息分配的。这样，在PAC和PNS之间的会话隧道上可以对多个PPP数据包进行捆绑传输，以支持在单一隧道上的多路复用功能。

在GRE头中还设有序列号和应答号字段，用于在隧道上支持拥塞控制和差错检测功能。此外，控制连接还提供了用于规定速率和缓冲器的参数，可用于对隧道上一个具体会话的PPP流量进行管理，但PPTP没有指定具体的拥塞控制和流量控制算法。

实际上，所谓的会话隧道是通过传输一种特定的IP报文形成的，这种IP报文的数据字段是封装了GRE头的PPP数据包，只有通过控制连接激活的PNS才能接收和处理这种IP报文，并且必须是呼叫号相匹配的IP报文，而对其他的节点都是不可见的。这样，通过传输带有指定呼叫号(由GRE头中的呼叫号字段来指示)特殊IP报文，在PAC和PNS对之间就形成了一种传输隧道。

对于用户数据的安全性，PPTP本身没有提供安全保护措施。用户身份认证是由PPP中的CHAP或PAP协议提供的，控制通道消息并不进行身份认证和消息完整性保护，并且在隧道中传送的PPP数据包也没有加密保护，存在着信息可能被窃听和篡改的安全隐患。在一些实际的PPTP系统中，主要通过一个附加的端到端加密协议来解决数据传送机密性问题。

例如，在微软公司的PPTP系统中，通过一种附加的MPPE(Microsoft Point－to－Point Encryption)协议提供了数据加密传送的方法。MPPE假设通信双方存在共享的密钥，在通信中使用RC4密码算法来加密数据包。由于受到出口许可的限制，在美国以外使用MPPE时只能使用40位的RC4加密算法。

3. L2TP协议

L2TP也是一种基于PPP的隧道传输协议，通过在IP，ATM，帧中继等公用网络上建立传输隧道来传送PPP数据包。L2TP是由Cisco，Ascend，Microsoft和RedBack等公司共同发起制定的，经过多次修改，于1999年8月公布了L2TP标准文档——RFC2661。

L2TP同样采用了客户/服务器体系结构，定义了两个基本构件：一是客户端的L2TP访问集中器LAC(L2TP Access Concentrator)，用于发起呼叫和建立隧道；二是服务器端的L2TP网络服务器 LNS(L2TP Network Server)，提供了隧道传输服务，也是所有隧道的终点。在传统的PPP连接中，用户拨号连接的终点是LAC，而L2TP将PPP协议的终点延伸到LNS。

L2TP可以看做是PPTP的改进方案，在功能和技术上更加全面。L2TP的隧道传输原理与PPTP相类似，都是通过对PPP数据包的封装而形成传输隧道。两个协议非常相似，但是仍存在以下几方面的差异：

(1)L2TP支持PSTN，ISDN和ADSL (Asymmetric Digital Subscriber Line)线路，而PPTP只支持PSTN和ISDN线路。

(2)L2TP可以在IP网络(使用UDP协议封装)上、帧中继网络的永久虚电路(PVC)上、X.25网络的虚电路(VC)上和ATM网络的虚电路VC上建立隧道，而PPTP只能在IP网络上建立隧道。

(3)L2TP可以在两端点间使用多个隧道，用户可以针对不同的服务质量创建不同的隧道，而PPTP只能在两端点间建立单一隧道。

(4)L2TP提供了包头压缩功能，通过压缩包头可以减少额外开销，而PPTP不支持包头压缩功能。

(5)L2TP可以提供隧道认证功能，而PPTP则不支持隧道认证。

在IP网络上，L2TP使用UDP协议来封装和传送PPP数据包。为了在基于无连接的UDP协议上支持可靠的数据传输服务，在L2TP消息头中定义了发送序列号和接收序列号字段，以支持差错处理和流量控制功能。通过流量控制可以减少丢包和重传次数，改善了网络性能。

在协议安全性方面，L2TP支持标准的用户身份认证协议CHAP和PAP。L2TP提供了对控制消息的加密传输功能，并为每个隧道生成一个唯一的随机密钥，以防止控制消息在传输过程中被窃听和篡改。但L2TP仍没有对传输隧道上的数据进行加密保护。

4. PPTP协议的应用

Microsoft公司将PPTP集成在Windows NT和Windows 2000操作系统内部，并结合Microsoft Routing和Remote Access Service组件，用来构造VPN。

由于PPTP采用客户/服务器结构，它要求在客户和服务器之间必须存在有效的Internet连接。通常，服务器需要与Internet建立永久性连接，客户则需要通过拨号网连接ISP，进而接入Internet。客户和服务器之间通过PPTP协议建立会话隧道，并且只有在PPTP服务器验证客户身份之后，这个会话才能建立起来，构成VPN。

为了确保隧道中传输数据的安全性，可以采用附加的加密协议进行端到端的数据加密，源点处将PPP数据包加密成密文，在隧道内传送，终点处将密文解密还原成明文。一旦建立了VPN，远程用户可以访问企业内部网，连接共享资源，收发电子邮件，如同本地用户一样。

(1)在服务器上配置PPTP。首先，Windows NT服务器要连接到Internet上。然后，在服务器上安装和配置RAS或RRAS组件，并加载PPTP协议。PPTP的配置参数主要有：

1)VPN端口的数目：该服务器可同时支持的PPTP连接的数目。每个服务器最多可以定义256个VPN端口。

2)每个VPN端口的通信方式和协议:通信方式有Dial out only,Receive calls only和Dial out and Receive calls三种。对于服务器,通常选择Receive calls only(只接入)方式;通信协议为TCP/IP。

3)配置客户访问内部网时所使用的本地协议:如NetBEUI,TCP/IP或IPX。

4)选择身份认证(Require Microsoft encrypted authentication)选项:要求客户必须使用MSCHAP 2.0进行身份认证。

5)选择数据加密(Require data encryption)选项:要求双方使用加密方式传输数据。

(2)在客户机上配置PPTP。首先,要求Windows 9x客户机能够使用PSTN或ISND与一个ISP建立拨号连接。然后,在客户机安装PPTP客户机软件。在加载和设置PPTP协议时,同样要设置VPN端口数目,一般客户机只需要一个VPN端口。客户机的其他配置应当与服务器保持一致。

当客户机访问PPTP服务器时,首先客户机通过拨号网络连入ISP的接入服务器,建立PPP连接;然后,使用PPTP服务器的域名或IP地址建立与PPTP服务器的VPN连接。在这个VPN连接上,客户机可以通过PPTP服务器安全地访问内部网资源。

12.2 网络层安全协议

根据ISO/OSI参考模型的定义,网络层提供了一种端到端的数据传输服务。在网络层,定义了两种节点:端节点和中间节点。端节点是数据传输的源节点和终节点(或称目的节点);中间节点是数据转发节点,它并不关心数据的内容,而是提供一种转发设备,将数据从上游节点转发到下游节点,使源节点发出的数据最终到达目的节点。在数据转发过程中,中间节点必须提供存储转发、路由选择、拥塞控制以及网络互连等功能。

目前,常用的网络层协议有IP和IPX等,其中IP协议被广泛应用于Internet。

网络层安全性主要是解决两个端点之间的安全交换数据问题,涉及数据传输的机密性和完整性,防止在数据交换过程中数据被非法窃听和篡改。

网络层安全协议是对网络层协议的安全性增强,它在网络层协议的基础上增加了安全算法协商和数据加密/解密处理的功能和过程。基于IP协议的安全协议是IPSec (IP Security)协议。

12.2.1 IPSec安全体系结构

IPSec是在IP协议基础上提供一种可互操作的、基于高质量密码的安全服务,其中包括接纳控制、无连接完整性、数据原始认证、抗重发保护和数据机密性等,用于保证IP协议及上层协议安全地交换数据。

IPsec安全体系结构由3个主要部分组成。

(1)安全协议。认证头AH (Authentication Header)和封装安全有效载荷ESP (Encapsulating Security Payload)。

(2)安全联盟SA(Security Associations)和安全策略SP(Security Policy)。

(3)密钥管理。手工管理和自动管理(Internet Key Exchange,IKE)。

1. 安全协议

IPSec提供了两种安全协议：AH和ESP。其中，AH只提供了数据完整性认证机制，可以证明数据源端点，保证数据完整性，防止数据篡改和重播；ESP同时提供了数据完整性认证和数据加密传输机制，它除了具有AH所有安全能力之外，还可以提供数据传输机密性。

AH和ESP协议可以分别单独使用，也可以联合使用。每个协议都支持两种应用模式：

(1)传输模式：为上层协议数据提供安全保护。

(2)隧道模式：以隧道方式传输IP报文。

AH或ESP提供的安全性完全依赖于它们所采用的加密算法。为保证不同实现方案之间的互通性，必须定义一些需要强制实现的加密算法。因此，在使用认证和加密机制进行安全通信时，必须解决以下3个问题：

(1)通信双方必须协商所要使用的安全协议、加密算法和密钥。

(2)必须方便和安全地交换密钥(包括定期改变密钥)。

(3)能够对所有协商的细节和过程进行记录和管理。

2. 安全联盟

IPSec通过安全联盟(SA)的概念性实体集中存放和管理所有需要记录的协商细节。因此，SA中包含了安全通信所需的所有信息，可以将SA看做是一个由通信双方共同签署的有关安全通信的"合同"。

SA是使用安全参数索引(SPI)来唯一标识的，SPI是一个32位随机数，通信双方要使用SPI来指定一个协商好的SA。

使用SA的好处是可以建立不同等级的安全通道。例如，一个用户分别与A网和B网建立安全通道，分别设置两个SA：SA(a)和SA(b)，在SA(a)中，可以协商使用更加健壮的加密算法和更长的密钥。

3. 安全策略

IPSec通过安全策略(SP)为用户提供一种描述安全需求的方法，允许用户使用安全策略来定义所保护的对象、安全措施以及加密算法等。安全策略由安全策略数据库(SPD)来维护和管理。

在受保护的网络中，各种通信的安全需求和保护措施可能有所不同。用户可以通过安全策略来描述不同通信的安全需求和保护措施。

例如，在一个内部网的安全网关上可以设置不同的安全策略：对于本地子网和远程子网之间的所有数据通信，采用DES算法加密数据，采用MD5算法进行数据验证；对于远程子网发送给一个邮件服务器的所有Telnet数据，则采用3DES算法加密，采用SHA算法进行数据验证。在这两个安全策略中，前者是一种基本的安全策略，后者是一种安全级较高的安全策略。

4. 密钥管理

Internet密钥交换(IKE)协议是用来解决通过Internet进行协议协商和密钥交换问题的，IKE提供如下功能：

(1)协商服务：通信双方协商所使用的协议、算法和密钥。

(2)身份认证服务：对参与协商的双方身份进行认证，确保双方身份的合法性。

(3)密钥管理：对协商的结果进行管理。

(4)安全的交换：用于产生所有密钥的密码源物质。

IKE是一个混合型协议，集成了 Internet 安全联盟和密钥管理协议（ISAKMP）和部分Oakley 密钥交换方案。

12.2.2 IPSec 实现模式

IPSec 可以采用两种模式实现：主机实现和网关实现。每种实现模式的应用目的和实施方案有所不同，这主要取决于用户的网络安全需求。

1. 主机实现模式

由于主机是一种端节点，因此主机实现模式主要用于保护一个内部网中两个主机之间数据通信。主机实现方案可分为两种类型：

(1)在操作系统上集成实现。由于 IPSec 是一个网络层协议，因此可以将 IPSec 协议集成到主机操作系统上的 TCP/IP 中，作为网络层的一部分来实现。

(2)嵌入协议栈实现：将 IPSec 嵌入协议栈中，插入到网络层和数据链路层之间来实现。

主机实现方案的优点是：能够实现端到端的安全性，能够实现所有的 IPSec 安全模式，能够基于数据流提供安全保护。

2. 基于网关的实现模式

由于网关是一种中间节点。因此网关实现模式主要用于保护两个内部网通过公用网络进行的数据通信，通过 IPSec 网关构建 VPN，从而实现两个内部网之间的安全数据交换。网关实现方案有两种类型：

(1)在操作系统上集成实现。将 IPSec 协议集成到网关操作系统上的 TCP/IP 中，作为网络层一部分来实现。

(2)嵌入网关物理接口上实现。将实现 IPSec 的硬件设备直接接入网关的物理接口上来实现。

网关实现方案的优点是：能够在公用网（如 Internet）上构建 VPN 来保护内部网之间进行的数据交换，能够对进入内部网的用户身份进行验证。

第 13 章 网络系统安全技术

13.1 基本概念

网络系统安全技术主要为了保证网络环境中各种应用系统和信息资源的安全，防止未经授权的用户非法登录系统，非法访问网络资源，窃取信息或实施破坏。网络系统安全技术主要侧重于攻击行为和特征、攻击行为检测和阻断、系统防护和灾难恢复等方面研究，主要技术方法有防火墙、访问控制、入侵检测、漏洞扫描、身份认证、灾难恢复和安全管理等，可归纳为网络防护、网络检测和网络响应等技术，它们将形成一个动态的闭环网络安全防御体系。

网络防护技术主要用于控制用户对网络系统和资源的访问，只允许经过授权的合法用户登录网络系统，以规定的权限访问网络资源。常用的网络防护技术有接纳控制和防火墙等。

网络检测技术主要用于检测和发现网络系统潜在的安全漏洞以及攻击者利用安全漏洞实施的入侵行为，并及时发出警报。检测系统安全漏洞的安全技术称为安全漏洞扫描技术，检测攻击者入侵行为的安全技术称为入侵检测技术。

网络响应技术的目的是在系统遭到攻击后立即作出响应，一方面要最大化和快速地恢复系统运行，将系统损失减少到最低程度；另一方面通过安全审计寻找和发现攻击者的踪迹，作为追究法律责任的依据。同时还可以发现遭到攻击的原因和漏洞，并及时补救。常用的网络响应技术有灾难恢复、安全审计和安全管理等。

13.2 网络防护技术

网络防护的目的是保证合法的用户能够以规定的权限访问网络系统和资源，并且拒绝未经授权的非法用户入侵网络窃取信息或破坏系统。网络防护技术是保护网络系统的第一道屏障，也是基本网络安全措施。网络防护技术大致可以分成接纳控制和防火墙两种，本质上，它们都是基于网络访问控制的安全措施，主要用于控制用户对网络系统和资源的访问，只是在控制策略和应用场合有所不同。

网络层防护技术组成见图 13.1。

接纳控制是一种基本的网络安全措施，主要通过访问控制表(Access Control List,ACL)来控制用户对网络系统及其资源的访问。一个用户必须事先注册成合法用户后才允许访问网络系统及其资源，用户的注册信息将存放在 ACL 中，包括用户的身份标识(如账户名、用户名、密码及其相关属性等)和访问权限，当用户发出登录网络请求后，系统将根据 ACL 来验证用户的身份，以确定是否允许该用户进入网络系统。对于已登录到网络的合法用户，在发出访问网络资源请求后，系统将根据 ACL 来检查该用户的访问权限，以确定是否允许对该资源的访问。接纳控制通常是由网络操作系统实现的，主要用于构造内部网的基本安全环境。

防火墙是一种设置在内部网与外部网之间的安全网关，通过安全策略和规则来控制外部网用户对内部网资源的访问，使外部网和内部网之间既保持连通性，又不直接交换信息。外来的信息流必须经过安全规则核查后才能确定是否转发到内部网，使外部网和内部网之间保持适度的交换。防火墙通常由专用的软件或硬件系统来实现，主要用于内部网与 Internet 之间的安全隔离。

图 13.1 网络层防护技术组成

13.2.1 接纳控制技术

接纳控制技术是一种基本的安全措施，用于控制用户对网络系统和资源的访问，它主要提供两种安全措施：用户身份验证和资源访问控制。

身份验证是防止未经许可的用户非法进入网络，访问控制是防止用户访问未经授权的网络资源，通常两者要配合起来使用，这样就可以为网络系统建立起基本的安全环境。图 13.2 所示是接纳控制的基本模型。

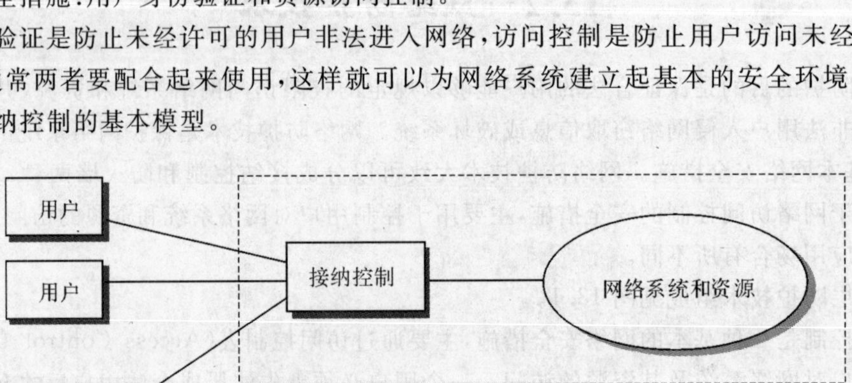

图 13.2 接纳控制的基本模型

现在以 Windows NT Server 系统为例来介绍接纳控制技术。

Windows NT Server 是由美国微软公司开发的一种网络操作系统，它采用域(Domain)

模型来建立网络安全环境。所谓的域是一个 Windows NT 网络进行安全管理的边界，每个域都有一个唯一的名称，并由一个域控制器(Domain Controller)对一个域的网络用户和资源进行安全管理。这种域模型采用的是客户/服务器结构，参见图 13.3。

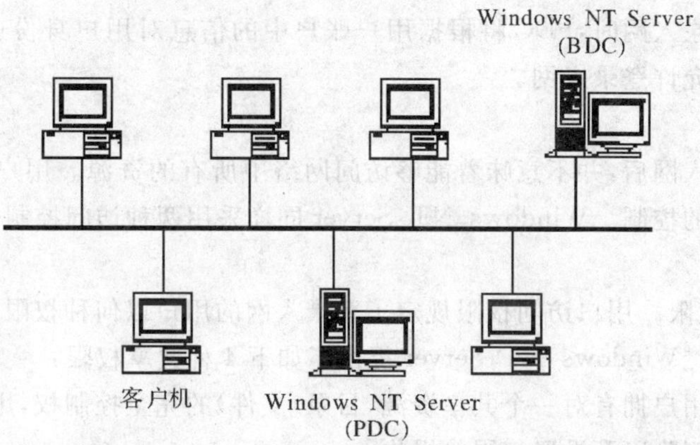

图 13.3 Windows 域控制器模型

域控制器必须由安装和运行 Windows NT Server 的服务器来充当，域控制器可分成主域控制器(PDC)和备份域控制器(BDC)两种。

对于一个域，PDC 是必需的，且只能有一个 PDC，在 PDC 上存放有用户账户数据库和访问控制列表，由 PDC 对登录入网的用户实施身份验证和访问控制。

对于一个域，BDC 不是必需的，可以根据需要安装或不安装 BDC；如果安装了 BDC，则必须处于由 PDC 构成的域中，而不能单独存在。PDC 将周期性地复制域账户数据库信息给 BDC，BDC 可以协助 PDC 进行身份验证，以减轻 PDC 的负担，并且在 PDC 发生故障时，可以将 BDC 升级为 PDC。一个域中可以有多个 BDC。

1. 身份验证

Windows NT 是通过用户名和密码来验证要求登录网络的用户身份的。对于非法用户，拒之网络之外。

在 Windows NT Server 系统安装完成后，系统自动建立两个特殊的用户：一个是拥有最大权限的网络管理员(Administrator)，主要负责管理本域网络的用户和资源；另一个是拥有最小权限的客人(Guest)，主要提供给临时用户登录网络。网络管理员可以把 Guest 用户删除，以避免安全漏洞。其他的用户都要通过网络管理员的用户注册成为合法用户后才能登录入网。

网络管理员的注册用户就是在 PDC 的账户数据库中为用户建立一个账户。一个用户账户可以用以下相关信息来描述：

(1)用户名。每个用户都有一个唯一的名字，用户必须使用用户名登录入网，这是第一级安全性。

(2)密码。每个用户都可以设置一个密码，密码将被加密存储起来，这是第二级安全性。

(3)密码限制。如密码最小长度、定期改变的周期、密码唯一性和下次登录是否更改密码等限制。

(4)连接限制。限制用户登录入网所使用的客户机数量，即在同一时间使用某一用户名登录入网的客户机数量不能超过限制值。

(5)时间限制。限制用户登录入网的时间段。例如,限制某用户只能在上午 8 时到下午 6 时的时间段内登录入网,而其他时间则被拒绝登录入网。

(6)登录限制。限制用户登录入网所使用的客户机,即某用户只能在某个特定的客户机上登录入网。用户登录入网时,PDC 将根据用户账户中的信息对用户身份进行验证,只有通过身份验证的用户才允许登录入网。

2. 访问控制

一个用户登录入网后,并不意味着能够访问网络中所有的资源。用户访问网络资源的能力将受到访问权限的控制。Windows NT Server 同样采用两种访问控制权限:用户访问权限和资源访问权限。

(1)用户访问权限。用户访问权限规定了登录入网的用户以何种权限使用网络共享资源,它也称为共享权限。Windows NT Server 提供了如下 4 种共享权限:

1)完全控制。用户拥有对一个共享资源(目录/文件)的完全控制权,用户可以对该共享资源执行读取、修改、删除以及设置权限等操作。

2)更改。允许用户对一个共享资源执行读取、修改、删除以及更改属性等操作。例如,对共享目录下的子目录/文件执行读取、修改、删除及更改属性等操作。

3)读取。允许用户查看共享目录下的子目录和文件,但不能创建文件;允许用户打开、拷贝和执行(如果是可执行文件的话)共享文件以及查看该文件的内容、属性、权限及所有权等信息。

4)拒绝访问。禁止用户访问一个共享资源。如果一个用户组被指定了该权限,这个组下的所有用户都不能访问该共享资源。

执行目录和文件操作所对应的共享权限见表 13.1。

表 13.1　执行目录和文件操作所对应的共享权限

目录和文件操作	权　限
显示子目录名和文件名	读取、更改、完全控制
显示文件内容和属性	读取、更改、完全控制
访问指定目录的子目录	读取、更改、完全控制
运行程序文件	读取、更改、完全控制
更改文件内容和属性	更改、完全控制
创建子目录和增加文件	更改、完全控制
删除子目录和文件	更改、完全控制
理性权限(仅限于 NTFS 文件和目录)	完全控制
获得所有权(仅限于 NTFS 文件和目录)	完全控制

(2)资源访问权限。资源访问权限是由资源的属性提供的。在 Windows NT 网络中，磁盘文件/目录资源属性称为访问权限，并且取决于 Windows NT 系统安装时所采用的文件系统。Windows NT 网络支持两种文件系统：FAT 和 NTFS。其中，FAT 是与 DOS 相兼容的文件系统，但不提供任何资源访问权限，网络访问控制只能依赖于共享权限；NTFS 是 Windows NT 特有的文件系统，具有严格的目录和文件访问权限，用户对网络资源的访问将受到 NTFS 访问权限和共享权限的双重控制，并以 NTFS 访问权限为主。

NTFS 提供了两种访问权限来控制用户对特定目录和文件的访问：一种是标准权限，是口径较宽的基本安全性措施；另一种是特殊权限，是口径较窄的精确安全性措施。一般情况下，使用标准权限来控制用户对特定目录和文件的访问。当标准权限不能满足安全需要时，可以进一步使用特殊权限进行更精确的访问控制。用户在使用目录或文件前，必须被授予适当权限或者加入具有相应访问权限的用户组。

创建文件或目录的用户是该文件或目录的所有者。所有者可以通过设置文件或目录权限来控制其他用户对文件或目录的访问。

在目录中所创建的文件和子目录将继承该目录的权限。文件权限始终优先于目录权限。

NTFS 的标准权限见表 13.2。

表 13.2 NTFS 的标准权限

	标准权限	含 义
目录	拒绝访问(None)	禁止用户查看该目录下的所有文件，并且该目录下的所有文件都被标记成“拒绝访问”标准文件权限
	列表(RX)	允许用户查看该目录下的文件列表，并允许访问子目录，但不能查看文件内容或创建文件
	读取(RX)	允许用户查看该目录下的子目录和文件，但不能创建文件
	增加(WX)	允许用户在该目录下创建文件，但不能查看该目录下的文件列表
	增加和读取(RWX)	允许用户查看该目录下的文件及文件内容，并能创建文件
	更改(RWXD)	允许用户创建、查看该目录下的子目录和文件，并允许用理性目标的属性
	完全控制(A11)	允许用户创建、查看访目录下的子目录文件；显示和理性目录的属性和权限；获取目录的所有权
文件	拒绝访问(None)	禁用户对该文件的访问。如果一个用户组被指定了该权限，这个组下的所有用户都不能讯问该文件
	读取(RX)	允许用户打开，拷贝和执行(如果是可执行文件的话)文件以及查看文件的内容属性、权限及所有权限
	更改(RWXD)	允许用户读取、修改和删除该文件
	完全控制(A11)	用户拥有该文件的完全控制权，用户可以读取、修改、删除该文件以设置文件的权限

3. 审核

审核是系统对用户操作行为的跟踪，管理员可根据审核结果来控制用户的操作。Windows NT 可对下列事件进行跟踪与审核：网络的登录和注销、文件和对象的访问、用户权限的使用、用户的管理、安全性策略的改变、启动和关闭系统的安全性和进程的跟踪等。跟踪审核结果存放在安全日志文件中，可供管理员查看。

4. 多域网络的委托验证

Windows NT 网络中的一个域最多可容纳 26 000 个用户和 250 个用户组。对于大多数网络应用来说，单一域是适用的，并能够保证较好的网络性能。如果用户数量过大或者根据工作性质需要划分多个网络，则可以采用多域模型来组织网络。

在多域模型中，网络被分成两个以上的域，每个域由各自的 PDC 进行管理，各个域之间通过信任和委托关系实现资源共享和相互通信。如果一个域的用户要访问另一域中的资源，则有两个方法来实现：

(1)该用户要在资源所在域中注册一个用户账号，成为该域的合法用户后方能访问该域中的资源。这是一种笨拙的方法。

(2)在该用户的账号所在域(称账号域)和所要访问资源的域(称资源域)之间建立一个委托关系，资源域(或称委托域)可以委托账号域(或称受托域)对该用户的身份进行验证，只要该用户在账号域中是合法的，就允许访问资源域，而不必在资源域中注册账号。通过委托关系提供一种多域之间资源共享和身份认证的简便方法。

委托关系可以是单向委托，也可以是双向委托。单向委托关系是一个域委托另一个域来验证用户的身份；双向委托关系是两个单向委托关系的组合，两个域相互委托对方验证各自域的用户身份。

总之，一般的网络操作系统都提供了较强的接纳控制功能，正确地理解、掌握和使用这些接纳控制功能，对于建立一个比较安全的内部网环境是十分重要的。如果在建立网络环境时没有使用或没有正确地使用接纳控制功能，将会留下很大的网络安全隐患和漏洞(即配置漏洞)，攻击者可以利用这些安全漏洞轻易地入侵网络系统，实施网络攻击或者非法获取信息。很多网络攻击事件都充分说明了这一点。

13.2.2 防火墙技术

在社会生活中，人们经常在木屋和其他建筑物之间修筑一道砖墙，以便在发生火灾时阻止火势蔓延到其他的建筑物，这种砖墙被称为防火墙(Firewall)。

Internet 是一种由很多网络互连而成的互联网，在给人们带来方便的同时，也存在着不安全因素，未经授权的非法用户可以利用 Internet 入侵内部网络。为了保护一个计算机网络免受外来入侵者的攻击，人们在内部网与 Internet 之间设置一个安全网关，在保持内部网与 Internet 连通性的同时，对进入内部网的信息流实行访问控制，只转发合法的信息流，而将非法的信息流阻挡在内部网之外。这种安全网关被称为防火墙。

防火墙是设在内部网和外部网之间的一道关卡。从安全性的角度，外部网可以分成可信任网络和不可信任网络两种。防火墙对内部网的保护作用主要体现在以下几个方面：

(1)禁止来自不可信任网络的用户进入内部网络。

(2)允许来自可信任网络的用户进入内部网络，并以规定的权限访问网络资源。

(3)允许来自内部网（也是一种可信任网络）的用户访问外部网络。

因此，当一个内部网接入 Internet 时，通常在内部网与 Internet 之间设置一个防火墙，以保护内部网免受非法用户的入侵。

防火墙首先依据安全策略和规则对外来的信息流进行安全检查，然后确定是否将信息流转发给内部网。一个防火墙系统可采用两种安全策略来实现。

(1)一切未被允许的都是禁止的。防火墙只允许用户访问开放的服务，其他未开放的服务都是禁止访问的。这种策略比较安全，因为被允许访问的服务都是经过筛选的，但限制了用户使用的便利性，即使可信任的用户也不能随心所欲地使用网络服务。

(2)一切未被禁止的都是允许的。防火墙允许用户访问一切未被禁止的服务，除非某项服务被明确地禁止。这种策略比较灵活，可为用户提供更多的服务，但安全性要差一些，因为未被禁止的服务中可能存在着安全漏洞和隐患。

1. 防火墙类型

根据不同的保护机制和工作原理，防火墙主要分成三类：分组过滤型、代理服务型和状态检测型。它们在网络性能、安全性和应用透明性等方面各有利弊。

(1)分组过滤型。分组过滤型(Packet Filter) 防火墙通常在网络层上通过对分组（也称数据包）中的 IP 地址、TCP/UDP 端口号以及协议状态等字段的检查来决定是否转发一个分组。分组过滤型防火墙的基本原理是：

1)根据网络安全策略，在防火墙中事先设置分组过滤规则，并依据分组过滤规则，对进入防火墙的分组流进行检查，通常需要检查下列分组字段：

源 IP 地址和目的 IP 地址；

协议类型：TCP 分组、UDP 分组和 ICMP 分组；

源 TCP 端口和目的 TCP 端口；

源 UDP 端口和目的 UDP 端口；

ICMP 消息类型；

输出分组的网络接口。

2)分组过滤规则一定按顺序排列。当一个分组到达时，按规则的排列顺序依次地运用每个规则对分组进行检查。一旦分组与一个规则相匹配，则不再向下检查其他的规则。

3)如果一个分组与一个拒绝转发的规则相匹配，则该分组将被禁止通过。

4)如果一个分组与一个允许转发的规则相匹配，则该分组将被允许通过。

5)如果一个分组不与任何规则相匹配，则该分组将被禁止通过。这是遵循“一切未被允许的都是禁止的”的原则。

分组过滤型防火墙一般采用在路由器上设置一个分组过滤器的方法来实现，其主要优点是网络性能损失较小、可扩展性好和易于实现。但是，这种防火墙的安全性存在一定的缺陷，因为它是基于网络层的分组头信息的检查和过滤机制，对封装在分组中的数据内容不作解释和检查，也就感知不到具体的应用，容易受到基于 IP 欺骗的攻击。

由于这种防火墙是配置在路由器上且内部网和外部网通过路由器直接连接，一旦防火墙被攻破而失效，内部网和外部网之间的安全屏障便消失，入侵者就会不受阻挡地直接进入内部网。

分组过滤型防火墙概念模型如图 13.4 所示。

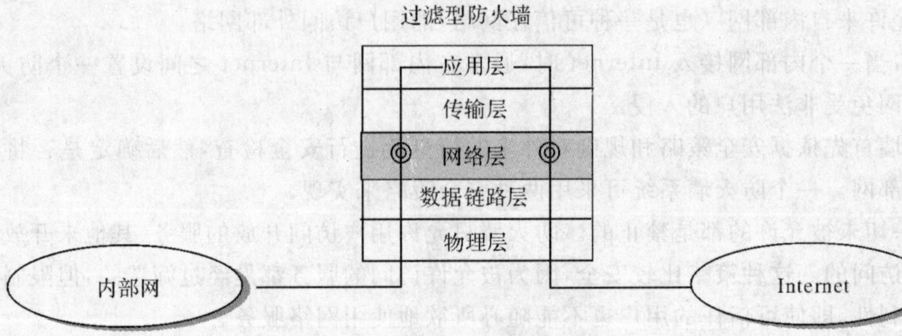

图 13.4 分组过滤型防火墙概念模型

(2)代理服务型。代理服务型（Proxy Services）防火墙有两种类型：一种是应用级网关型，它工作在应用层上，对每一种应用，都设有一个代理服务程序；另一种是电路级网关型，它工作在传输层上，根据客户的 TCP 连接请求，重新建立一个允许通过防火墙的 TCP 连接（也称连接重定向）来提供代理服务，而不是针对应用程序。两者相比，前者的安全性好，而灵活性和透明性不如后者。

其中，应用网关型防火墙是在内部网与 Internet 之间建立一个代理服务器，外部用户要访问内部网中的服务器必须通过代理服务器进行中转，而不允许它们之间直接建立连接进行通信。

由于内部网与 Internet 之间没有建立直接的连接，即使防火墙失效，外部用户仍不能进入内部网。

代理服务型防火墙概念模型如图 13.5 所示。

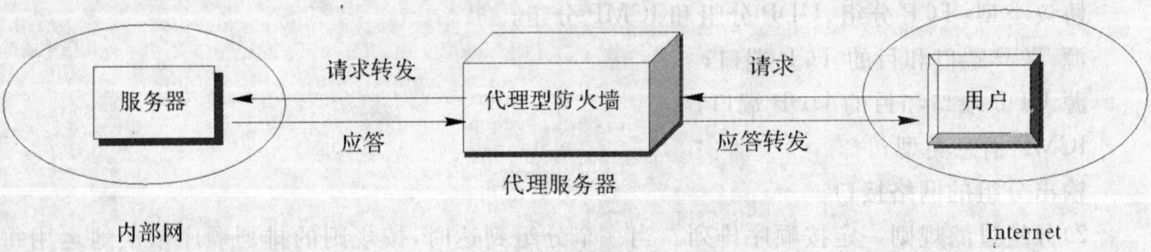

图 13.5 代理服务型防火墙概念模型

在这种安全体系结构中，内部网通过代理服务器向 Internet 开放某些服务，如 HTTP，Telnet 及 FTP 等。当外部用户访问这些服务时，所连接的是代理服务器，不是实际的服务器，但外部用户感觉是实际的服务器。代理服务器根据安全规则对请求者的身份、服务类型、服务内容、域名范围、登录时间等进行安全检查，以确定是否接受用户请求。

如果接受用户请求，则代理服务器代替该用户向实际服务器发出请求，实际服务器返回的结果再由代理服务器传送给外部用户。

如果不接受用户请求，则代理服务器直接向该用户发出拒绝服务的信息。

在这种防火墙中，每种网络应用都需要有相应的代理程序，如 HTTP 代理、FTP 代理及 Telnet 代理等。这种防火墙的优点是安全性好，缺点是可伸缩性差和性能损失较大。因为每增加一种新的应用都必须增加相应的代理程序，并且代理程序将增加转发延迟，引起网络性能下降。

(3)状态检测型。防火墙对进入内部网的信息流进行安全检查，客观上形成了一种网络瓶颈，网络瓶颈将会降低网络吞吐量，增加网络延迟，引起网络性能下降，严重时会产生网络阻塞现象。这种网络瓶颈问题可以看做是为网络安全所付出的代价。

对于防火墙这类的网络安全系统，理想的目标是在保证安全性前提下，尽可能地减少网络性能损失，提高网络吞吐能力，避免网络阻塞。当然，网络性能丝毫不损失也是不可能的。

从安全性和网络性能等方面来看，以上两种传统的防火墙都存在着一定的缺陷。为了解决安全性和网络性能相协调问题，近几年出现了一些新型的防火墙技术。其中，具有代表性的有自适应防火墙、状态检测型防火墙等。

状态检测（Stateful - inspection）型防火墙技术是由美国 CheckPoint 公司提出的，国内外一些公司的防火墙产品都采用这种防火墙技术。

状态检测型防火墙继承了传统防火墙的优点，同时克服了它们的缺点。从系统结构上，仍采用类似于分组过滤型防火墙结构，在网络层对数据包进行安全过滤，仍由用户定义其安全规则。不同的是，它提供了一个应用感知功能，系统从接收到的数据包中提取与安全策略相关的状态信息，并将这些信息保存在一个动态状态表中，作为后续连接请求的决策依据。

为了提供稳定可靠的网络安全性，防火墙应当对所有的通信信息进行跟踪和控制。所有的通信信息包括数据包和状态信息两部分，防火墙在决策是否转发数据包时，仅仅检查数据包头信息是不够的，还应当检测通信状态信息和应用状态信息。因为通信状态反映了各个网络层次以前的通信状况，应用状态反映了相关的应用信息，这些状态信息是控制一个通信连接的关键因素。因此，防火墙将收集、分析和利用以下几种信息：

(1)通信信息：所有的数据包信息。

(2)通信状态：以前通信的状态信息。

(3)应用状态：其他应用的状态信息。

(4)信息处理：基于上述信息的检测和控制算法。

状态检测型防火墙要跟踪、收集和存储每一个有效连接的状态信息，根据这些状态信息来决定是否让数据包通过防火墙，达到对本次通信实施访问控制的目的。

防火墙首先从数据链路层和网络层之间的接口处截获数据包，然后分析这些数据包，并将当前数据包和状态信息与以前的数据包和状态信息进行比较，从而得到该数据包的控制信息，并以此来确定是否让数据包通过，从而达到保护网络安全的目的。

状态检测型防火墙概念模型如图 13.6 所示。

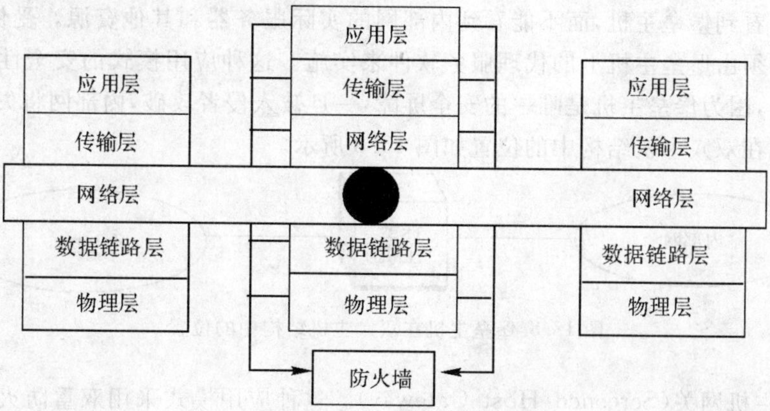

图 13.6　状态检测型防火墙概念模型

现在以 FTP 协议为例来加以说明。FTP 协议使用了两个 TCP 端口:20 号端口用于传送命令,21 号端口用于传送数据。

状态检测型防火墙对 FTP 的处理过程如下:当防火墙收到 FTP 客户端向 FTP 服务器 20 号端口发来的连接请求后,首先在连接状态表中记录本次连接的相关信息,包括源地址和目的地址、端口号、TCP 序列号以及其他标志等,然后防火墙只允许从该 FTP 服务器的 20 号和 21 号端口向客户端请求端口传输合法的命令和数据。在这一过程中,防火墙通过记录连接状态,设置了动态访问控制规则,能够有效地过滤非法的数据包。如果攻击者企图通过伪造 IP 地址、端口号、TCP 序列号和其他 IP 标识来穿越该防火墙,则是非常困难的。

2. 防火墙的应用模式

由于网络拓扑结构和安全需求等方面的差异,在使用防火墙构建网络安全防护系统时,其应用模式是千差万别的。总的来说,比较典型的防火墙应用模式有如下 4 种:

(1)屏蔽路由器(Screened Router)。这种应用模式采用单一的分组过滤型防火墙或状态检测型防火墙来实现。通常,防火墙功能由路由器提供(在路由器上增加一个防火墙模块),该路由器设置在内部网与 Internet 之间,根据预先设置的安全规则对进入内部网的信息流进行安全过滤。在这种应用模式中,防火墙功能也可以用单独的防火墙设备或主机来实现,设置在内部网与路由器之间,如图 13.7 所示。

图 13.7 屏蔽路由器位置

这种应用模式的优点是数据转发速度快,网络性能损失较小,易于实现,费用较低。它的缺点是安全性比较脆弱,尤其是分组过滤型防火墙,容易被入侵者攻破,进而入侵内部网。

(2)双穴主机网关(Dual Home Gateway)。这种应用模式采用单一的代理服务型防火墙来实现。通常,防火墙是由一个运行代理服务软件的主机实现的,这种主机称为堡垒主机(Bastion Host),而具有两个网络接口的堡垒主机称为双穴主机 (Dual Home)。

这种应用模式由双穴主机充当内部网与 Internet 之间的网关,并在其上运行代理服务器软件,受保护的内部网与 Internet 之间不能直接建立连接,必须通过堡垒主机才能进行通信。外部用户只能看到堡垒主机,而不能看到内部网的实际服务器和其他资源。受保护网络的所有开放服务必须由堡垒主机上的代理服务软件来实施。这种应用模式的安全性略好一些,但仍然比较脆弱,因为堡垒主机是唯一的安全屏障,一旦被入侵者攻破,内部网将失去保护。

堡垒主机在双穴主机结构中的位置如图 13.8 所示。

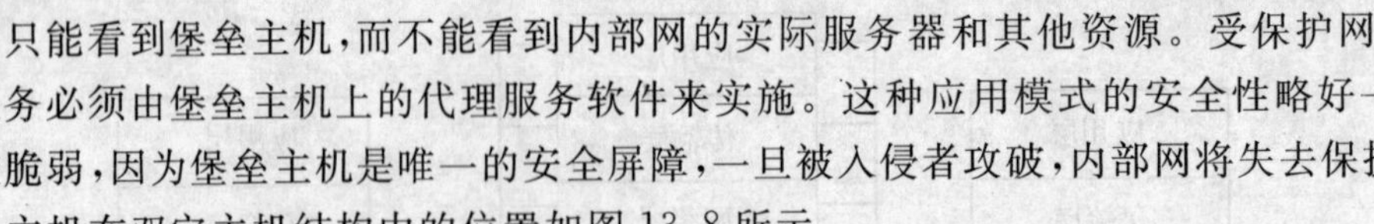

图 13.8 堡垒主机在双穴主机结构中的位置

(3)屏蔽主机网关(Screened Host Gateway)。这种应用模式采用双重防火墙来实现,一个是屏蔽路由器,构成内部网的第一道安全屏障;另一个是堡垒主机,构成内部网的第二道安全屏障。屏蔽路由器基于下列规则过滤分组流：堡垒主机是内部网唯一的系统，允许外部用户与堡垒主机建立连接，并且只能通过与堡垒主机建立连接来访问内部网提供的服务。由于这种应用模式设有两道安全屏障，并且由两种不同的防火墙构成，可以优势互补和相互协调。因而，具有较高的安全性，并且比较灵活。

屏蔽主机网关双防火墙结构如图 13.9 所示。

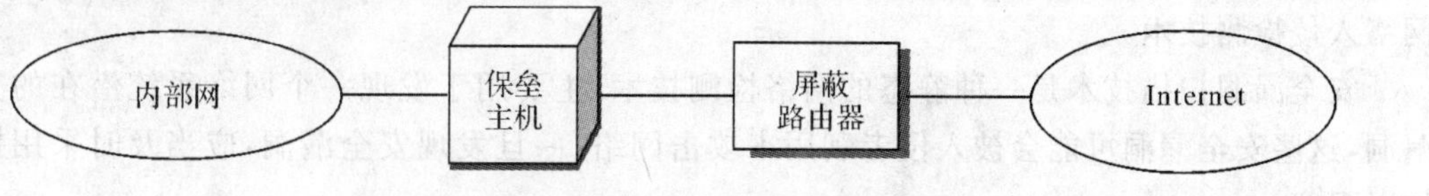

图 13.9　屏蔽主机网关双防火墙结构

(4)屏蔽子网网关(Screened Subnet Gateway)。这种应用模式是在内部网与 Internet 之间设置一个独立的屏蔽子网，在内部网与屏蔽子网之间和屏蔽子网与 Internet 之间都要设置一个屏蔽路由器，堡垒主机连接在屏蔽子网上。堡垒主机是唯一的内部网和 Internet 都能访问的系统，但要受到屏蔽路由器过滤规则的限制。在这种应用模式中，内部服务器设有三道安全屏障：两个屏蔽路由器和堡垒主机，入侵者要入侵内部网必须攻破两个屏蔽路由器和堡垒主机，这显然是相当困难的。因此，具有更高的安全性，比较适合保护大型的网络，但成本也比较高。

屏蔽子网也称为“停火区”(Demilitarized Zone /DMZ)，见图 13.10。

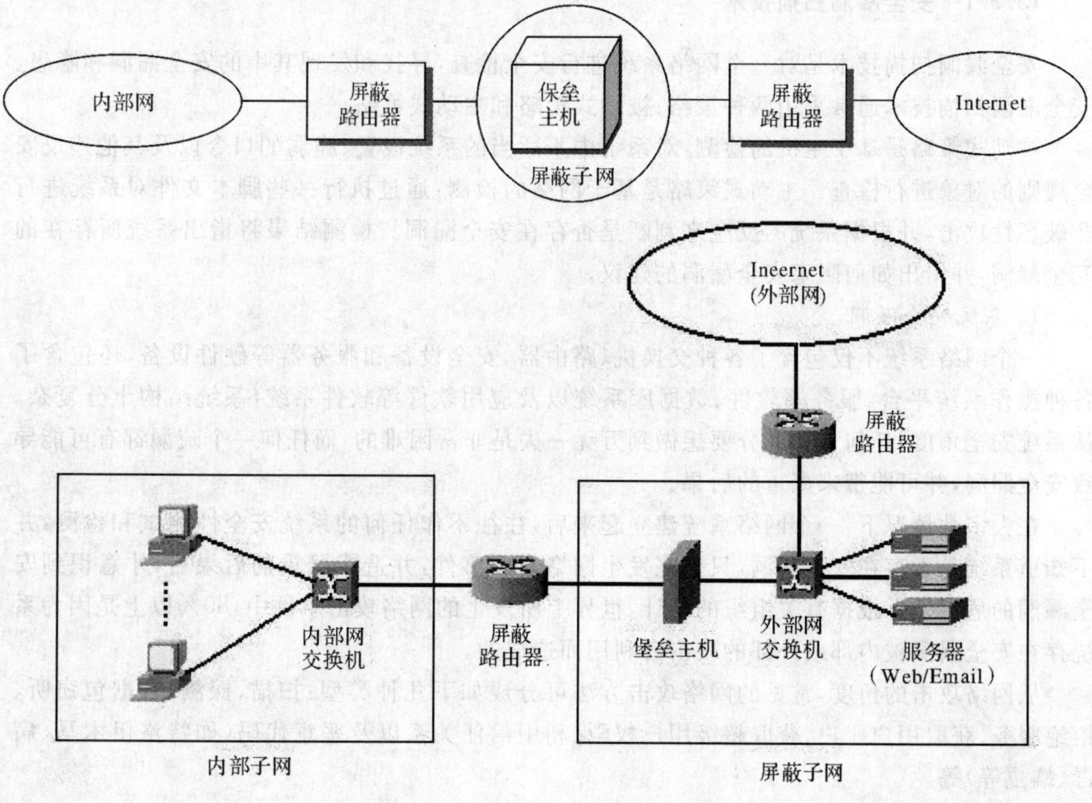

图 13.10　屏蔽子网结构

13.3 网络检测技术

只从防护的角度来构造网络安全系统是不够的，必须寻求其他途径来弥补网络防护技术的不足。于是，网络检测技术便应运而生。网络检测技术可以分成两种：安全漏洞扫描技术和网络入侵检测技术。

安全漏洞扫描技术是一种静态的网络检测技术，主要用于发现一个网络系统潜在的安全漏洞，这些安全漏洞可能会被入侵者利用来攻击网络，一旦发现安全漏洞，应当及时采用措施加以阻塞。

网络入侵检测技术是一种动态的网络检测技术，主要用于识别对网络系统的恶意使用行为，包括来自外部用户的入侵行为和内部用户的未经授权活动，一旦发现网络入侵现象，应当作出适当的反应。

国外很早就开始了系统脆弱性和入侵检测技术的研究。早期的系统脆弱性检测和入侵检测技术都是基于先验知识，系统只能发现已有的安全漏洞和攻击行为。

目前，系统脆弱性检测仍然采用传统的安全漏洞扫描技术，缺乏更为有效的检测方法。而入侵检测技术发展较快，从早期的审计跟踪数据分析，到现在的实时入侵检测以及入侵预警，并且已经实际应用于大型网络和分布式系统中。

13.3.1 安全漏洞扫描技术

安全漏洞扫描技术是对一个网络系统进行安全检查，寻找和发现其中的安全漏洞和隐患。安全漏洞扫描技术通常采用两种策略：被动式策略和主动式策略。

被动式策略是基于主机的检测，对系统中不适当的系统设置、脆弱的口令以及其他违反安全规则的对象进行检查。主动式策略是基于网络的检测，通过执行一些脚本文件对系统进行非破坏性攻击，并根据系统的反应来判断是否存在安全漏洞。检测结果将指出系统所存在的安全漏洞，并给出如何阻塞安全漏洞的建议。

1. 系统安全漏洞

一个网络系统不仅包含了各种交换机、路由器、安全设备和服务器等硬件设备，还包含了各种操作系统平台、服务器软件、数据库系统以及应用软件等软件系统，系统结构十分复杂。从系统安全角度，任何一个部分要想做到万无一失是非常困难的，而任何一个疏漏都有可能导致安全漏洞，并可能带来严重的后果。

在大多数情况下，一个网络系统建立起来后，往往不作任何的系统安全性测试和检测，并不知道系统是否存在安全漏洞，只是在发生网络攻击事件，并造成严重的后果后，才意识到安全漏洞的危害性。根据有关组织的统计，世界上所发生的网络攻击事件中，80%以上是因为系统存在安全漏洞被内部或外部的攻击者利用而造成的。

从网络攻击的角度，常见的网络攻击方法可分成如下几种类型：扫描、探测、数据包窃听、拒绝服务、获取用户账户、获取超级用户权限、利用信任关系以及恶意代码(如特洛伊木马、病毒、蠕虫等)等。

攻击者入侵网络系统主要采用两种基本方法：社会工程和技术手段。

基于社会工程的入侵方法是攻击者通过欺骗手法引诱用户说出或盗窃他们的口令，然后通过口令轻易地入侵网络系统。

基于技术手段的入侵方法是攻击者利用系统设计、配置和管理中的漏洞来入侵系统。技术手段入侵主要有以下 4 种：

(1)潜在的安全漏洞。任何一种软件系统都或多或少地存在着安全漏洞。在当前的技术条件下，发现和修补一个系统所有安全漏洞是十分困难的，也是不可能的。一个系统可能存在的安全漏洞主要有：口令漏洞、软件漏洞、协议漏洞、缓冲区溢出和拒绝服务等。

(2)可利用的系统工具。很多系统都提供了用于改进系统管理和服务质量的系统工具，如 Windows NT NETSTAT，Portscan 和 Sniffer 等工具。但这些系统工具同时也会被攻击者所利用，非法收集信息，为攻击打开方便之门。

(3)不正确的系统设置。不正确的系统设置也是造成安全隐患的一个重要因素。有时初始系统配置时可能未分析漏洞，但软件系统更新或升级后，可能会出现新的安全漏洞。

(4)不完善的系统设计。在不重视信息保护的情况下所设计出来的软件系统是很不安全的，难以抵御网络攻击。

2. 安全漏洞扫描技术

安全漏洞扫描技术主要通过安全漏洞扫描软件来测试一个网络系统是否存在安全漏洞，一旦发现安全漏洞，应当及时采用措施加以阻塞，例如，更新系统版本、安装补丁程序、调整安全配置、增加安全设施等。

安全漏洞扫描软件最初是由 UNIX 系统中一些简单测试程序发展起来的，现在已成为一种重要的网络安全工具。安全漏洞扫描软件采用非破坏性的办法来测试一个网络系统是否存在安全漏洞，这些安全漏洞一般是已知的，安全漏洞扫描软件必须维护一个漏洞扫描方法库，不仅要提供各种已知安全漏洞的测试方法，还要能够将新发现的安全漏洞及其测试方法添加到方法库中。

根据安全漏洞的测试方法，可以将安全漏洞扫描技术分为以下 4 种类型：

(1)基于主机的检测技术。主要检查一个主机系统是否存在安全漏洞，这种检查将涉及操作系统的内核、文件属性、操作系统补丁等问题，它还能对用户口令进行解密测试，以验证口令的健壮性，找出那些不安全的口令。这种技术可以非常准确地定位和发现操作系统中的安全漏洞，但缺点是与操作系统平台相关，软件升级复杂。

(2)基于网络的检测技术。主要检查一个网络系统是否存在安全漏洞以及抗攻击能力，它可以采用常规的漏洞扫描办法来检查网络中目标系统是否存在安全漏洞，也可以采用仿真攻击的办法来测试目标系统的抗攻击能力，如采用脚本程序对目标系统进行攻击，根据对目标系统的工作状态和安全日志的分析，验证是否存在造成系统崩溃的潜在因素。这种检测技术是通过网络环境来测试目标系统的安全漏洞，与被测系统的平台无关，并且比较接近于实际的攻击环境。

(3)基于审计的检测技术。主要通过审计一个系统的完整性来检查该系统内是否存在被故意安放的后门程序。这种安全审计将周期地使用散列算法对系统的特征信息，如文件的属性、注册号等进行计算，并将本次计算结果与初始计算结果相比较，以验证两者的一致性。如果不一致，则说明系统属性或文件内容发生了改变，应及时通知管理员处理。

(4)基于应用的检测技术。主要检查一个应用软件是否存在安全漏洞,如应用软件的设置是否合理、有无缓冲区溢出问题等。

安全漏洞扫描系统应当将这些安全漏洞扫描技术集成一体,综合地运用它们来检测目标系统潜在的安全漏洞,提高安全漏洞识别的精度。安全漏洞扫描系统通常由下列部分组成:

(1)扫描引擎。它是系统的主控程序。在接收到用户的扫描请求后,调用扫描方法库中各种漏洞扫描方法对目标系统进行安全漏洞扫描,根据目标系统的反应判断来是否存在安全漏洞以及安全漏洞的性质和危害性等,然后将扫描和判断结果返回给用户。

(2)扫描方法库。它是使用特定的算法语言编写的各种安全漏洞扫描算法集合。通常,漏洞扫描算法采用软插件方法封装,一种漏洞扫描算法对应一个软插件,扫描引擎通过调用软插件的方法来执行漏洞扫描。对于新发现的安全漏洞及其扫描算法,可以通过增加软插件的方法加入到扫描方法库中,使扫描方法库的维护和扩展变得比较简单。另外,一些安全漏洞扫描系统提供了专用脚本语言,这是一种更高级的软插件技术,用户可以使用专用脚本语言来扩充软件功能。这些脚本语言语法通常简单易学,可以简化新插件的编程工作,往往用十几行代码就可以实现一种漏洞扫描。这样,使得软件功能扩充工作变得更加容易。

(3)控制台。它是操纵安全漏洞扫描系统的用户界面,通常采用图形化的用户界面。用户可以定义请求扫描的目标系统、目标地址以及扫描方法等,并激活扫描引擎执行扫描。在扫描结束后,扫描引擎以报表形式将扫描结果报告给用户。扫描报告并不是各个扫描结果的简单罗列,而是经过分析和整理后形成报表,指出被测目标存在哪些漏洞、漏洞的危害程度以及阻塞漏洞的方法等。然而,这些评估是针对具体漏洞的,而不是对网络系统安全状况的整体评估,也没有提供网络系统安全整体解决方案。

未来的安全漏洞扫描系统朝着网络安全测评专家系统的方向发展,它可以协助网络系统管理员评估整个网络的安全状况,并提出相应的安全专家建议。

3. 网络安全测评技术

网络安全测评技术是在安全漏洞扫描技术的基础上发展起来的,它将安全漏洞扫描技术和专家系统技术有机结合起来,通过对网络系统的安全性测试,不仅可以发现系统潜在的安全漏洞,还可以对整个网络的安全状况进行科学评估,同时给出阻塞安全漏洞和改进网络安全状况的专家建议。

在一个基于网络环境的复杂信息系统建立起来后,通过网络安全测评系统来科学地评估该信息系统的安全性,评价系统安全能力是否满足应用的安全需求,使用户对该网络系统安全能力怀有信心和信任。

一个网络系统的安全性一般分成不同的安全等级,不同的安全等级通过相应的安全技术手段来实现。一个网络系统的安全等级越高,投资就越大。一个网络系统所需的安全等级取决于该网络所属企业或组织所面临的安全风险以及相应的安全需求,而每个企业的安全风险、安全需求和投资力度可能有所不同,并非所有企业都要按照同一安全模式构筑企业内部网络。因此,通过网络安全等级制可以使企业决策者清楚地了解到企业的安全需求、应采用的技术手段、可达到的安全等级、所需要的投资等相互之间的关系,避免盲目决策和投资。

另外,从事安全产品开发的企业可以根据安全等级制开发相应的安全产品,优化产品配置，形成系列安全产品，为客户提供个性化的网络系统安全解决方案。

因此，网络安全测评系统可以用于两种目的：

(1)作为网络系统安全性测评工具，对现有网络系统的安全性进行量化测评，评估其安全等级和潜在的安全漏洞，并给出提高安全等级的途径和消除安全漏洞的方法。

(2)作为安全产品测试工具，通过对部署一个具体安全产品前后网络系统安全性的测试来评价该产品的安全防护能力和安全等级。

网络安全测评系统是在安全漏洞扫描系统的基础上扩展而成的，网络安全测评系统一般采用客户/服务器结构，客户端提供系统控制台功能，服务器端提供系统核心功能，它主要由下列关键部件组成：

(1)测评方法库。它是扫描方法库的进一步扩展，除了提供各种安全漏洞扫描算法外，还提供了各种仿真攻击算法，通过漏洞扫描和攻击检测相结合的方法来测试目标系统的安全性以及所达到的安全等级。同样，测评方法库采用软插件方法进行维护和扩充。

(2)安全评估标准。根据一定的准则将系统安全划分成若干等级，每个安全等级的安全强度、安全风险和系统开销都是不相同的。系统将测试结果规范化后，再映射到某个安全等级上，并给出这个安全等级的安全强度、安全风险和系统开销等。

(3)安全专家系统。给出阻塞安全漏洞、降低安全风险和提高安全强度的措施和建议。专家建议可以是对具体漏洞的解决方法，也可以是对网络系统安全状况的整体评估，提出加强网络系统安全的整体解决方案。

4. 安全漏洞扫描系统应用举例

利用安全漏洞扫描工具可以对网络中任何系统或设备进行安全扫描，其中包括一些常规检查。例如，使用安全漏洞扫描工具检测 IP 地址为 119.20.67.45 的主机上 20～100 号 TCP 端口的工作状态，其检测结果如下：

119.20.67.45　　21accepted.
119.20.67.45　　23accepted.
119.20.67.45　　25accepted.
119.20.67.45　　80accepted.

上述检测结果表明，这台主机上的 21，23，25 和 80 号 TCP 端口都被打开，正在提供相应的服务。

在 TCP/IP 协议中，1 024 以下的端口都是周知的端口，与一个公共的服务相对应，比如 21 号端口相应于 FTP 服务，23 号端口相应于 Telnet 服务，24 号端口相应于 E－mail 服务，80 号端口相应于 Web 服务等。如果发现该主机上打开的 TCP 端口与实际提供的服务不相符，或者打开了一些可疑的 TCP 端口，则说明该主机可能被安放了后门程序或存在安全隐患，应当及时采取措施封堵这些端口。

13.3.2　网络入侵检测技术

网络入侵检测是一种动态的攻击检测技术，能够在网络系统运行过程中发现入侵行为和踪迹。一旦发现网络入侵现象，则应当作出适当的反应，如发出报警信息或者实时阻断攻击，对被攻击系统给予保护。

入侵检测系统IDS(Intrusion Detection System)是防火墙之后的第二道安全防线，与防火墙相辅相承，构成完整的网络安全体系结构，共同对付网络攻击。它扩展了系统安全管理能力，包括入侵检测、攻击响应和安全审计等。IDS在网络系统中设置若干关键点，实时地监测和收集信息，通过分析这些信息来判断网络中是否发生违反安全策略的行为和被入侵的迹象。

1. 入侵检测原理

从入侵检测方法上，可分为异常检测(Anomaly Detection)和误用检测(Misuse Detection)两类。

基于异常的入侵检测方法是根据使用者的行为或资源使用状况的正常程度来判断是否发生入侵行为，而不依赖于具体行为是否出现。它事先建立被检测系统的正常行为模型，通过比较当前行为与正常行为的偏差来检测异常行为。例如，一般在白天使用计算机的用户，如果突然在午夜注册登录，则被认为是异常行为，有可能是入侵者在使用。

基于误用的入侵检测方法是运用已知的入侵模式来检测入侵行为。它根据事先定义的入侵模式库，通过判断这些入侵模式是否出现来检测入侵行为。

由于大部分入侵是利用了系统脆弱性，因此可以通过分析入侵行为的特征、条件、排列以及事件间关系来描述入侵迹象。这些迹象不仅对分析已经发生的入侵行为有帮助，而且对即将发生的入侵也有预警作用，只要出现部分入侵迹象就意味着有可能发生入侵。

从分析数据来源的角度，入侵检测系统可分为基于日志的和基于数据包的两种。

基于日志的入侵检测是通过分析系统日志信息方法来检测入侵行为。由于操作系统的日志文件中包含了详细的用户信息和系统调用数据，从中可分析系统是否被入侵以及入侵者留下的踪迹等信息。

基于数据包的入侵检测是通过捕获和分析网络数据包来检测入侵行为，因为数据包中含有用户连接信息。通过分析网络数据包可以将入侵检测的对象范围扩大到整个网络，并且可以实现实时入侵检测。而基于日志分析的入侵检测则局限于本地用户和主机系统上。

总之，入侵检测系统提供了对网络入侵事件的检测和响应功能：

(1)用户和系统活动的监视与分析；

(2)系统配置及其脆弱性分析和审计；

(3)异常行为模式的统计分析；

(4)重要系统和数据文件的完整性监视和评估；

(5)操作系统的审计跟踪和管理；

(6)入侵行为模式识别与及时响应，包括切断网络连接、记录事件和报警等。

2. 信息采集

入侵检测的第一步是信息采集，采集的信息包括系统、网络、数据及用户活动的状态和行为。这就需要在计算机网络系统中的关键点(不同网段和不同主机)设置若干个检测器来采集信息，其目的是尽可能地扩大检测范围，提高检测精度。因为来自一个检测点的信息可能不足以判别入侵行为，而通过比较多个检测点的信息一致性便容易辨识可疑行为或入侵活动。

由于入侵检测很大程度上依赖于所采集信息的可靠性和正确性，因此入侵检测系统软件本身应当具有很强的坚固性，并且具有保证检测器软件完整性的措施，以防止检测器软件被篡改或替换而采集错误的信息。

入侵检测主要基于如下4类信息：

(1)系统日志文件信息。攻击者在攻击系统时，不管成功与否，都会在系统日志文件中留下踪迹和记录。因此系统日志文件是入侵检测系统主要的信息来源。

通常，每个操作系统以及重要软件模块都会建立相应的日志文件，系统自动把网络和系统中所发生的异常事件、违规操作以及系统错误记录在日志文中件，作为日后安全审计和事件分析的依据。通过分析日志文件，可以发现系统是否发生被入侵的迹象、系统是否发生过成功的入侵事件、系统当前是否正在被入侵等，根据分析结果，激活入侵应急响应程序，采取适当反应措施。

在日志文件中，记录有各种行为类型，每种类型又包含了多种信息。例如，在“用户活动”类型的日志记录中，包含了系统登录、用户ID的改变、用户访问的文件、违反权限的操作和身份认证等信息内容。对用户活动来说，重复的系统登录失败、企图访问未经授权的文件以及登录到未经授权的网络资源上等都被认为是异常的或不期望的行为。

(2)目录和文件的完整性信息。在网络文件系统中，存储有大量的程序文件和数据文件，其中包含有重要的系统文件和用户数据文件，它们经常是攻击者破坏或篡改的目标。如果在目录和文件中发生了不期望的改变(包括修改、创建和删除)，则意味着可能发生了入侵事件。

攻击者经常使用的攻击手法是获得系统访问权；安放后门程序或病毒程序，甚至破坏或篡改系统重要文件；修改系统日志文件，清除入侵活动的痕迹。这类入侵事件可以通过检查目录和文件的完整性信息来检测。

(3)程序执行中的异常行为。网络系统中的程序一般包括网络操作系统、网络服务和特定的网络应用等，系统中的每个程序可以由一个或多个进程来实现，每个进程可能在具有不同权限的环境中执行，这种环境控制着进程可访问的系统资源、程序和数据文件等，不同的操作执行方式所需的系统资源也就不同。如果在一个进程中出现了异常的或不期望的行为，则表明系统可能被非法入侵。攻击者可能会分解和扰乱程序的正常执行，导致系统异常或失败。

例如，攻击者使用病毒程序来干扰程序的正常执行，出现用户不期望的操作行为，或者通过病毒程序创建大量的非法进程，抢占有限的系统资源，导致系统拒绝服务。

(4)物理形式的入侵信息。攻击者经常使用物理方法来突破网络系统的安全防线，从而达到网络攻击的目的。例如，在支持拨号上网的网络中，如果用户在访问远程网络的敏感信息时没有施加有效的保护(如信息加密或VPN等)，则可能被黑客获取，成为一种威胁网络安全的后门。黑客就会利用这个后门来访问内部网，从而越过了内部网络原有的防护措施，进而攻击其他系统，窃取敏感信息等。

2. 信息分析

对于上述4类信息，一般通过3种分析方法进行信息分析：模式识别、统计分析和完整性分析。

(1)模式识别方法。在这种方法中，必须预先建立一个入侵模式库，将已知的网络入侵模式存放在该库中。在系统运行时，将采集到的信息与入侵模式库中已知的网络入侵模式和特征进行比较，从而识别出违反安全策略的行为。模式识别精度和执行效率取决于模式识别算法。

这种方法的优点是具有较高的识别精度和执行效率，缺点是不能检测到未知的攻击模式，并且需要不断地升级和维护入侵模式库。然而未知的攻击模式的发现可能是以系统被攻击并造成严重损失为代价的。

(2)统计分析方法。在这种方法中，首先为用户、文件、目录和设备等系统对象创建一个统计描述，统计正常使用时的一些测量属性，如访问次数、操作失败次数和延迟时间等。在系统运行时，将采集到的行为信息与测量属性平均值进行比较，如果超出正常值范围，则认为发生了入侵事件。

例如，使用统计分析来标识一个用户的行为，如果发现一个只能在早6点至晚8点登录的用户却在凌晨2点试图登录，则被认为发生了入侵事件。

这种方法的优点是可检测到未知的和复杂的入侵行为，缺点是误报率和漏报率比较高，并且不适应用户正常行为的突然改变和软件系统版本更换或升级。

在统计分析方法中，有基于专家系统的方法、基于模型推理的方法、基于神经网络的方法、基于数据挖掘的方法以及基于遗传算法的方法等。

(3)完整性分析方法。在这种方法中，首先使用MD5，SHA等散列函数计算被检测对象(如文件或目录内容和属性)的检验值。在系统运行时，将采集到的完整性信息与检验值进行比较，如果两者不一致，则表明被检测对象的内容和属性发生了变化，被认为发生了入侵事件。

这种方法的优点是能够识别被检测对象的微小变化，对于发现应用程序和数据(如网页内容)被篡改等方面特别有效。缺点是一般采用批处理方式实现，不能用于实时响应。

3. 攻击响应

攻击响应是指 IDS 在检测出入侵事件时所作的处理。攻击响应方法主要有如下几种：

(1)发出警报。当IDS发现了攻击事件或可疑行为时，立即向管理员和其他有关人员发出警报信息，可以将警报信息发送到管理控制台上，也可以通过E-mail发送到有关人员的邮箱中，具体取决于一个IDS产品支持的警报方式和用户定义。

(2)终止连接。当IDS在一个网络逻辑连接上发现了攻击事件或可疑行为时，立即终止这个逻辑连接，尽量减少攻击所带来的系统损失。

(3)断开链路。当 IDS 发现了一个系统正在遭受大规模网络攻击时，迅速断开该系统的网络物理链路，使系统迅速从攻击中解脱出来，将系统损失减少到最低程度。

(4)引入陷阱。当 IDS 发现了一个系统正在遭受网络攻击时，迅速将系统切换到一个"空"系统上，将攻击引入一个陷阱中，以便收集攻击者信息，追踪攻击者的踪迹。

在这些攻击响应方法中，常用的是发出警报和终止连接方法，绝大多数的IDS产品都提供了这两种响应方法，在一些有特殊要求的网络系统中除了采用常规的响应方法外，还使用其他的响应方法。

4. 入侵检测系统结构

从系统结构和检测方法上，入侵检测系统可以分成3种：基于主机的入侵检测系统HIDS(Host-based IDS)、基于网络的入侵检测系统NIDS(Network-based IDS)和基于智能代理的入侵检测系统 AIDS(Agent－based IDS)。

(1)基于主机的入侵检测系统。HIDS 采用基于审计追踪的检测方法，通过分析和审计一个主机系统的日志文件来发现入侵事件。这里的主机系统泛指网络环境下的某一系统，如路由器、交换机、防火墙、服务器以及客户机等。

日志文件记录有一个主机系统的所有活动，审计追踪机制主要采用模式识别和统计分析技术，如专家系统、模型推理和神经网络等。由于 HIDS 是一种"事后"分析和追踪技术，对入侵事件反应迟钝，只能检测到已发生的入侵事件，一般用于系统的安全审计和事后追踪，而不适合于在实时入侵检测场合下应用。

基于审计追踪的安全机制不仅提供了对入侵行为的检测功能，而且还提供了用户行为的证明功能，可以在法庭上用来证明一个受到怀疑的人是否有犯罪行为。因此，这种审计追踪机制不仅是一种技术手段，还具有行为约束能力，促使用户为自己的行为负责，增强用户的责任感。

(2)基于网络的入侵检测系统。NIDS 是采用实时监测网络数据包的方法来动态检测网络入侵的。系统首先捕获和检查数据包头与内容，然后与已知的攻击模式相比较，如果检测到恶意的网络攻击，则采取适当的响应方法阻断攻击。通常 NIDS 由检测器、分析器、数据库和响应器组成。

1)检测器。用于采集和捕获网络中的数据包，并将异常的数据包发送给分析器。根据网络安全策略，可以设置多个检测点，分别部署多个检测器。例如，在防火墙、服务器等重要系统上都可以部署检测器。如果用于检测来自 Internet 的攻击，则应当将检测器部署在防火墙的外面。如果用于检测来自内部网的攻击，则应当将检测器部署在被监测系统的外面。

2)分析器。接收来自检测器的异常报告，根据数据库中已知的攻击模式进行分析比较，确定是否发生了攻击行为。对于不同的攻击行为，通知响应器做出适当的反应。

3)数据库。用于存放已知的攻击模式以及日志信息，这些数据不仅为分析器提供决策依据，还可用于攻击趋势分析。

4)响应器：根据分析器的决策结果，响应器做出适当的反应，包括发出警报、终止逻辑连接、断开物理链路、引入陷阱以及回击攻击等。

NIDS 的最大优势是能够秘密地进行入侵检测，被检测目标很难发现。并对现有的网络系统或基础设施不会产生什么影响，并且被监视目标的系统平台无关。

(3)基于智能代理的入侵检测系统。智能代理(Agent)是一种具有自主性、群体性、适应性和主动性的高度智能计算实体，能够连续地感知外界以及自身状态的变化，并主动产生相应的动作，并且还具有自学习功能，随时间的增加，不断提高自己的行为能力。多 Agent 系统已成为一种新的分布系统构造技术。

AIDS 是一种基于 Agent 的分布式网络入侵检测系统，采用分布式入侵检测模型，监控范围大，充分利用网络计算资源，以克服主机系统负荷超载。在 AIDS 中，可以将 Agent 分布在网络中的各个物理环节，如路由器、防火墙、服务器、工作站、主机等。

每个 Agent 执行特定的任务，通过各 Agent 之间协同工作，充分利用节点信息之间的相关性进行全局性决策和控制，从而提高了入侵检测的精度。同时，基于 Agent 的分布式系统结构具有很好的可伸缩性。

在AIDS中，可以将一个大型的网络系统分成多个检测域，每个检测域都由一个域管理器和多个Agent组成，每个Agent将按系统目标分配适当的功能，如检测Agent、分析Agent和响应Agent等，这些Agent将分布在检测域中各个网络设备上，可以综合运用基于审计追踪和基于数据包监测等多种检测方法进行入侵检测，各个Agent由域管理器进行协调和管理，以实现全局性决策和控制。

5. 入侵检测系统应用

如表13.3所示是一个典型的TCP SYN flood攻击的例子。

表13.3 TCP SYN flood 攻击扫描结果

时间	源主机源端口	＞目的主机目的端口	：控制位	序列号:确认号	窗口大小
00:56:22	5660 flonder 601	＞ server 510	： S	14300151:14300151(0)	win 892
00:56:22	7447 flonder 602	＞ server 510	： S	14300152:14300152(0)	win 892
00:56:22	8311 flonder 603	＞ server 510	： S	14300153:14300153(0)	win 892
00:56:22	8660 flonder 604	＞ server 510	： S	14300154:14300154(0)	win 892
00:56:22	5900 flonder 604	＞ server 510	： S	14300155:14300155(0)	win 892
00:56:22	0660 flonder 604	＞ server 510	： S	14300156:14300156(0)	win 892
00:56:22	8860 flonder 604	＞ server 510	： S	14300157:14300157(0)	win 892
00:56:22	4560 flonder 604	＞ server 510	： S	14300158:14300158(0)	win 892
00:56:22	8790 flonder 604	＞ server 510	： S	14300159:14300159(0)	win 892
00:56:22	9050 flonder 604	＞ server 510	： S	14300160:14300160(0)	win 892
00:56:22	3460 flonder 604	＞ server 510	： S	14300160:14300160(0)	win 892
00:56:22	2360 flonder 604	＞ server 510	： S	14300161:14300161(0)	win 892
00:56:22	9760 flonder 604	＞ server 510	： S	14300162:14300162(0)	win 892
00:56:22	8690 flonder 604	＞ server 510	： S	14300163:14300163(0)	win 892

在短短几分钟内，一个网络服务器在端口510上接收到大量的TCP SYN请求，该端口上的连接队列阻塞，无法响应任何的服务请求，导致拒绝服务。

参考文献

[1] MattBishop.计算机安全学——安全的艺术与科学. 王立斌,等,译.北京:电子工业出版社,2005.

[2] HaroladF. Tlpton,et al.信息安全管理手册.4版.北京:电子工业出版社,2004.

[3] MlehaelE. whltman,et al.信息安全原理.2版. 齐立博,译.北京:清华大学出版社,2006.

[4] MarkEgan,et al.没有任何漏洞——信息安全实施指南. 李彦智,译.北京:电子工业出版社,2006.

[5] BobertaBragg,et al.网络安全完全手册. 程代伟,等,译. 北京:电子工业出版社,2005.

[6] SeanConvery.网络安全体系结构. 王迎春,等,译. 北京:人民邮电出版社,2004.

[7] JayRamchandran.设计安全的体系结构. 胡骏,等,译. 北京:机械工业出版社,2003.

[8] Christopher M. King,et al.安全体系结构的设计、部署与操作. 常晓波,等,译. 北京:清华大学出版社,2003.

[9] MarkusSchumache,et al.安全模式——集成安全性和系统工程. 徐璐,译. 北京:清华大学出版社,2007.

[10] 晓宗.信息安全与信息战. 北京:清华大学出版社,2003.

[11] StePhenNorthcutt,et al.深入剖析网络边界安全. 陈曙辉,等,译. 北京:机械工业出版社,2003.

[12] GregHolden,et al.网络防御与安全对策. 黄开枝,等,译. 北京:清华大学出版社,2004.

[13] Chris Brenton, Cameron Hunt,et al.网络安全积极防御从入门到精通. 马树奇,等,译. 北京:电子工业出版社,2001.

[14] StuartMcClure,et al.黑客大曝光. 钟向群,等,译. 北京:清华大学出版社,2002.

[15] EdSkoudis.反击黑客. 宁科,等,译. 北京:机械工业出版社,2002.

[16] JohnChirillo.黑客攻击揭秘篇. 万静,等,译. 北京:机械工业出版社,2003.

[17] fohnChirilfo.黑客攻击防范篇.2版. 李宏平,等,译. 北京:机械工业出版社,2003.

[18] Eri. Cole.黑客——攻击透析与防范. 苏雷,等,译. 北京:电子工业出版社,2002.

[19] LasClander,et al.挑战黑客——网络安全的最终解决方案. 陈永剑,等,译. 北京:电子工业出版社,2005.

[20] Victor Oppleman,Oliver Friedrichs,Brett Watson, et al.终极守护——针对黑客的高级防御技术. 袁野,等,译. 北京:清华大学出版社,2007.

[21] Anonymous ,et al. 最高安全机密. 4版. 王东霞,等,译. 北京:机械工业出版社,2003.

[22] 沈昌祥,等.信息安全.杭州:浙江大学出版社,2007.

[23] 张新华.信息安全:威胁与战略.上海:人民出版社,2003.

[24] 沈昌祥.信息安全工程导论. 北京:电子工业出版社,2003.

[25] 蒋平，等. 信息对抗. 北京：清华大学出版社，2007.
[26] 王越，等. 信息系统与安全对抗理论. 北京：北京理工大学出版社，2006.
[27] 罗森林. 信息、系统安全与对抗技术. 北京：北京理工大学出版社，2005.
[28] 谢建全. 信息、系统安全防护技术. 北京：中国宇航出版社，2006.
[29] 冯登国. 密码分析学. 北京：清华大学出版社，2000.
[30] 卢开澄. 计算机密码学. 北京：清华大学出版社，1998.
[31] 曹志刚. 钱亚生. 现代通信原理. 北京：清华大学出版社，1992.